跨越千年的精妙心理战术

文 青 ◎编著

北京日报出版社

图书在版编目（CIP）数据

攻心：跨越千年的精妙心理战术 / 文青编著．
北京：北京日报出版社，2025.7. -- ISBN 978-7-5477-5076-6

Ⅰ．B84-49

中国国家版本馆 CIP 数据核字第 2024AV9333 号

攻心：跨越千年的精妙心理战术

出版发行	北京日报出版社
地　　址	北京市东城区东单三条 8-16 号东方广场东配楼四层
邮　　编	100005
电　　话	发行部：（010）65255876
	总编室：（010）65252135
印　　刷	河北翔驰润达印务有限公司
经　　销	各地新华书店
版　　次	2025 年 7 月第 1 版
	2025 年 7 月第 1 次印刷
开　　本	710 毫米 × 1020 毫米　1/16
印　　张	13
字　　数	160 千字
定　　价	58.00 元

版权所有，侵权必究，未经许可，不得转载

序　言

能攻心则反侧自消

在成都武侯祠诸葛亮殿高大的柱子上，有这样一副著名的攻心联：能攻心则反侧自消，从古知兵非好战；不审势即宽严皆误，后来治蜀要深思。

其中，"能攻心则反侧自消"一句尤为引人深思。它告诉我们，如果善于运用攻心之术，就能化解矛盾，消除纷争，营造和谐的局面。

《三国演义》中有这样一段故事：诸葛亮征讨南中，马谡前去劳军。考虑到南人难以驯服，马谡便为诸葛亮献上了攻心计，他说："夫用兵之道：攻心为上，攻城为下；心战为上，兵战为下。愿丞相但服其心足矣。"其中蕴含的深刻内涵是：与其进行武力强攻，不如攻破对方的心防，从心理上让对方甘愿折服，这样的攻心之术才是上策。其后，诸葛亮果然采用了这种战略，对孟获七擒七纵，让其心服口服，再也不会反叛。

攻心之术之所以能够奏效，是因为它强调深入了解对方的心理需求和情感状态，进而运用言辞和行为等手段，达到影响和引导对方的目的。这种智慧体现了对人性的深刻洞察，也展现了对和谐共赢的向往与追求。

在现实生活中，如果我们能够掌握攻心的智慧，就可以更好地理解人心，体会他人的需求和感受，从而有助于实现请求、建议、说服、教育、谈判等目的。当我们与他人之间出现隔阂和误解时，也能运用攻心之术化解矛盾，维护和谐的人际关系，这对个人的进步和成长也非常有利。

当然，攻心之术是跨越千年的心理战术，其精髓并非我们能在短时间内掌握的，但我们可以从以下几个方面入手，不断进行自我修炼，加强对攻心的认识。

攻心之术，首在知人。孙子曰："知己知彼，百战不殆。"知人者，方能知其心；知心者，方能攻其心。这种知，并非简单的了解，而是深入骨髓的洞察。孔子曰："视其所以，观其所由，察其所安，人焉廋哉？人焉廋哉？"这句话告诉我们，要了解人的行为动机，分析他的行事方法，洞察他的价值取向，才能真正了解一个人。

攻心之术，重在言辞。言辞乃心灵之声，情感之桥。古人云："言为心声。"恰当的言辞能够抚慰人心，化解矛盾；反之，则可能激起纷争，加深误会。因此，攻心之术要求我们在言辞上做到既精准又温柔，既能深入人心，又不伤害他人。

同时，攻心之术也强调言辞的诚实与真挚。古人云："言忠信，行笃敬。"只有用真诚的言辞才能打动人心，赢得他人的信任。在攻心过程中，我们要避免虚伪和欺骗，要用真实的话语表达自己的想法和感受，并以真诚的态度对待他人，这样才能真正达到攻心的目的。

攻心之术，重在情感和分寸。《孟子》云："爱人者，人恒爱之；敬人者，人恒敬之。"这提醒我们，心与心的交流是相互的，因此在施展攻心之术时，应充分考虑对方的感受，学会潜移默化，以情动人。只有真正理解并尊重他人，才能赢得他人的理解和尊重。

攻心之术，贵在和合。古人云："和为贵。"攻心之术的最高境界，就是达到心灵的和谐。因此，适度的妥协退让是可取的，这并非懦弱，而是以退为进，以柔克刚，既能避免不必要的冲突，又能找到双方利益的共同点，从而实现共赢。如《论语》中所说："君子和而不同，小人同而不和。"真正的攻心者，善于在差异中找到共识，实现和谐共处。

学习攻心之术，也是一种自我成长的途径。欲攻心者，必先修心。只有内心强大，才能洞察人心，理解人性，进而攻心。这需要我们不断反思自我，提升自我，实现自我超越。

总的来说，攻心之术是国学中的一种独特智慧，它倡导理解人性、尊重人性、顺应人性，以实现心灵的和谐共处。在当今社会，攻心之术依然具有重要的价值。无论是处理人际关系，还是办理各种事务，我们都要牢记"能攻心则反侧自消"的道理，要用心去感受、理解、影响和引导他人，直达其内心。如此，我们才能在复杂多变的世界中找到属于自己的位置，实现自己的价值。

目 录

第一章 读懂人心：知己知彼，有的放矢

    1. 攻心之始：攻心为上，攻城为下　　　　　　　　003

    2. 广采信息：兼听则明，偏信则暗　　　　　　　　007

    3. 了解爱好：随其嗜欲，以见其志意　　　　　　　011

    4. 观察言行：听其言而观其行　　　　　　　　　　015

    5. 探求反应：以反求复，观其所托　　　　　　　　019

    6. 评估对方：权知轻重，度知长短　　　　　　　　023

    7. 换位思考：不患人之不己知，患不知人也　　　　027

第二章 修饰言辞：说话有道，突破心防

    8. 择人而言：中人以上，可以语上也　　　　　　　033

    9. 切中要害：夫人不言，言必有中　　　　　　　　037

  10. 言辞有度：巧言令色，鲜矣仁　　　　　　　　　041

  11. 话语简约：辞不贵多，取达意而止　　　　　　　045

  12. 善于修辞：言之无文，行而不远　　　　　　　　049

  13. 拒绝强辩：御人以口给，屡憎于人　　　　　　　053

14. 减少抱怨：不怨天，不尤人　　057
15. 言语谨慎：涉世以慎言为先　　061

第三章　潜移默化：心战如棋，步步为营

16. 道德先行：以德服人，心悦诚服　　067
17. 谦恭守礼：谦谦君子，卑以自牧　　071
18. 摆正态度：严可平躁，敬以化邪　　075
19. 直白坦诚：推心置腹，消除戒备　　079
20. 以情攻心：感人心者，莫先乎情　　083
21. 以诚动人：巧诈不如拙诚　　087
22. 把握分寸：攻人毋太严，教人毋过高　　091
23. 循序渐进：情急招损，严厉生恨　　095

第四章　直意曲达：以迂为直，曲径通幽

24. 能屈能伸：路曲通天，人曲顺达　　101
25. 圆润变通：以曲为直，直则成曲　　105
26. 隐藏目的：欲取先予，欲攻先守　　109
27. 拐弯说话：旁敲侧击，点到为止　　113
28. 欲扬先抑：微排其所言，而揣反之　　117
29. 出其不意：围魏救赵，攻心解困　　122
30. 声东击西：明修栈道，暗度陈仓　　126
31. 迂回出击：退以求进，舍以求得　　130
32. 借力打力：己争不如借力　　134

第五章　示之以弱：扮猪吃虎，以柔克刚

33. 善于示弱：强大处下，柔弱处上　　141

34. 隐藏锋芒：藏巧于拙，用晦而明　　　　　　　145

35. 学会隐忍：小不忍则乱大谋　　　　　　　　149

36. 适时沉默：知者不言，言者不知　　　　　　153

37. 适度让步：让步为高，宽人是福　　　　　　157

38. 刚柔并用：刚柔相济，不可偏废　　　　　　161

39. 求同存异：君子和而不同　　　　　　　　　165

第六章　循循善诱：不动声色，征服人心

40. 说服有度：忠告而善道之，不可则止　　　　171

41. 抓住时机：机不可失，时不再来　　　　　　175

42. 设问诱导：故设疑问，引导思维　　　　　　179

43. 类比入心：触类相喻，巧妙说服　　　　　　183

44. 借题发挥：因势利导，乘势而上　　　　　　187

45. 弱点发力：抓住"七寸"，不得不服　　　　191

46. 展示利弊：二重对比，获取人心　　　　　　195

第一章

读懂人心：知己知彼，有的放矢

提到交际，有些人认为它仅仅是人与人之间简单的互动。殊不知，人际交往的内涵远不止于此，它还涉及心理上的博弈，较量的是智慧和技巧。唯有掌握了这门学问，才能打开他人的心扉，实现自己的目标。那么，如何才能在这场博弈中轻松取胜呢？答案是要学会读懂人心。因为只有了解他人的内心想法和需求，我们才能做到"知己知彼，百战不殆"，从而提升自身优势，使自己在交际场上立于不败之地。

第一章 读懂人心：知己知彼，有的放矢

1. 攻心之始：攻心为上，攻城为下

【简译】

从心理上击垮敌人是上策，用武力去强攻是下策。

【引申评论】

《三国演义》中提到："攻心为上，攻城为下。"这条攻心法则虽然通俗易懂，却揭示了人际交往的真谛。它通过对比，强调了读懂人心的重要性。

我们先来解读为什么攻城为下。在人际交往的过程中，无论我们与别人交往了多少年，只要还没有与对方交心，彼此之间的联系就极有可能会越来越少，直到最后成为熟悉的陌生人。其实很多时候，并不是朋友有意疏远我们，而是我们根本就没有走进对方的内心，以致他们下意识地忽略了我们的存在。可见，要想和别人成为知心的朋友，就得如《孙子兵法·谋攻篇》里所言："不战而屈人之兵，善之善者也。"这句话的意思是不通过交战便能降服敌人，才是最高明的。也就是说，想要获得更多有效的人脉，我们就必须放弃无用的"攻城"，而要选择直击对方灵魂的攻心。

生活中，有些人误解了交际，他们认为这仅仅是简单的互相走动，殊

不知，人际交往并非如此单纯，它还涉及心理上的博弈，考验的是智慧和技巧。唯有掌握了这门学问，才能打开他人的心扉，实现有效沟通。要知道，人类的一切行为举止实际上都是内心的反映，当我们读懂了人心和人性，就能轻松揭开所有虚幻的迷障，直接看透他人言行背后的本质。正因为如此，《孟子·离娄上》中才会提出"得人心者得天下，失人心者失天下"的观点。因此，在与他人交往时，我们一定要学会攻心，多从对方的心理层面着手，以便第一时间与其建立牢固的纽带。

综上所述，攻心是交际中的重要技能，它能帮助我们迅速拉近与他人的距离。例如，对于仅见过几次面的朋友，我们可以先聊一些双方都感兴趣的话题，使对方产生共鸣，然后逐步建立友谊；面对性格腼腆、不善言辞的人，我们可以在不经意间叫出对方的名字，使其产生亲切感，从而拉近彼此的关系。那么，我们如何才能掌握这一技能呢？不妨尝试从以下几个方面入手。

一是通过他人的语言，来分析对方内心真实的想法。

二是通过他人的行为，来猜测对方想要达到什么目的。

三是通过他人下意识的反应，来了解对方的性格和习惯。

【事典】攻心计之诸葛亮空城退敌

三国时期，诸葛亮（181年—234年）为了帮助刘备完成大业，亲自率领大军向北攻打曹魏。然而，他却错用了马谡这个人，以致丢失了街亭这一战略要地。诸葛亮得知街亭失守的消息后，便迅速安排补救措施，随后，还带着剩下的士兵退回了西城。谁承想，司马懿（179年—251年）却趁机率领十五万大军朝着西城杀来。

此时，诸葛亮的身边除了一群文官，只剩下两千五百名士兵。文官们听到消息后都大惊失色,诸葛亮见状,不动声色地登上城墙远望。他看见司马懿正兵分两路朝着西城而来,于是当即下令:"把所有旗帜都藏起来,士兵们不得出城,也不要大声说话,谁敢不听从命令,立刻就地斩首!另外,把所有城门都敞开,每个门安排二十名士兵,打扮成普通百姓的模样,装作悠闲打扫街道的样子。魏兵来了以后,大家千万不要擅自行动,我已经有让司马懿退兵的计策了。"

下完命令后,诸葛亮披上鹤氅,戴上纶巾,拿着一张古琴,身后跟着两个小书童,来到城上敌楼前。最后,他紧挨着敌楼的栏杆坐了下来。眼看着司马懿的军队越来越近,诸葛亮却点燃了一炷香,插进香炉里,随后弹起琴来。

司马懿的先锋队来到城下,看到城楼上一片闲适的场景后,不敢贸然上前叫阵,急忙返回,将这一情况报告给司马懿。司马懿听后根本不信,大笑着说:"这怎么可能呢?"于是命令三军停下,他亲自前去察看。结果,他真的看到诸葛亮在城楼上悠闲地弹琴,身后还站着两个小童,一个小童手里捧着宝剑,另一个手里拿着麈尾,仿佛是在欢迎他们进城。他再往下一看,城门内外还有一群老百姓在慢悠悠地打扫街道。

司马懿看到这一幕后,心中感到非常困惑,觉得其中一定有诈,于是回到军营便下令后军改为前军,前军改为后军,准备撤退。他的儿子见状,连忙劝说道:"诸葛亮诡计多端,会不会是他已经没有兵力了,才故弄玄虚地装出一副轻松的样子?父亲为什么要撤退呢?"

司马懿说:"诸葛亮一生都非常谨慎,从不冒险行事。现在城门大开,一定是早已设下埋伏。我们若现在带兵进去,定会中他的计谋。趁我们尚未露出破绽,还是赶紧撤退吧!"

就这样,司马懿带领着十五万大军又浩浩荡荡地退了回去。

【评注】

在《三国演义》中，诸葛亮可谓计谋百出，其中空城计最能体现他的智慧。这个故事的背景是由于诸葛亮错误地信任了马谡，导致失去了街亭这个战略要地。为了弥补自己的过失，他将大量的兵力都派遣了出去，以至于身边只剩下很少兵力。恰在此时，司马懿率领十五万大军将要向诸葛亮进攻。在这性命攸关的时刻，诸葛亮无法正面迎敌，只能通过心理战瓦解敌人的意志，从而获得一线生机。

所以，心思缜密的诸葛亮施展了一招空城计：在司马懿尚未到来之前，他命令士兵们将城门大开，并营造出一副扫榻相迎的假象；随后，诸葛亮自己悠闲地坐在城上敌楼前弹琴。诸葛亮深知，一旦司马懿见到这样的场景，心中必然会怀疑城中有埋伏，不敢轻易进入；再加上司马懿认为诸葛亮一贯谨慎，更不敢贸然进攻，只能选择退兵。

不难看出，司马懿自以为了解诸葛亮的心思，以为看透了他的诡计。殊不知，真正操纵人心的是诸葛亮。他深知司马懿对自己的防备和忌惮，于是便利用对方的这种心理，放大对方内心的猜疑，使其知难而退。或许在我们看来，司马懿的退兵有些可笑，殊不知，这正是攻心法则的魔力，它能化腐朽为神奇，将不可能变成可能。

2. 广采信息：兼听则明，偏信则暗

【简译】

能听取各方意见的人才会明辨是非，只相信一面之词的人必会犯糊涂。

【引申评论】

《资治通鉴》中说："兼听则明，偏信则暗。"意思是要学会广开言路。这是一条凝聚了无数前人智慧的处世法则，既是人际交往的指路明灯，也是不可或缺的人生信条。

众所周知，在人际交往中，我们会面临各种各样的选择，而这些选择往往决定着某段关系是否能够继续。然而，没有人能保证自己的每一个选择都正确。有时，我们所谓的选择，只不过是出于自私的心理，或者我们的判断只是凭空想象，而没有基于实践经验。在这种情况下，我们绝不能偏信，而应当学会兼听，因为只有听取各方的建议，才能得出最接近正确的结论。《荀子·君道》中也说："兼听齐明，则天下归之。"可见，一个有智慧的人，会乐于多听取大家的意见，并广纳善言，从这些言语中找出对自己有利的信息，从而为自己增添助力。

不仅如此，无论是儒家的始祖孔子，还是著名的思想家荀子，都曾提

到君子应当广纳善言。在现实生活中，我们也常听到或看到类似"多听听别人的意见"这样的话。换言之，兼听是前辈智慧的结晶，也是指引我们前进的人生信条。人与人之间存在巨大差异，如果我们想在交际中如鱼得水，就必须先消除这些差异，使对方将我们视为自己人。要实现这一点，我们必须学会广泛收集信息，做到知己知彼，从而拉近彼此的距离。正如《论语·卫灵公》中所言："工欲善其事，必先利其器。"要想赢得他人的友谊，就得先收集对方的信息，这样才能有针对性地攻破对方的心防，轻松获得他们的信任。

生活中，"兼听则明，偏信则暗"的例子不胜枚举。这是一种洞悉人心的有效手段，能够帮助我们及时了解他人。比如，在拜访陌生人之前，我们可以先向其周围人询问建议，然后在有准备的情况下见面；对于即将见面的未来的岳父、岳母，我们不妨先向女朋友询问他们的喜好和习惯，以避免双方出现不必要的矛盾。那么，如何才能有效地兼听呢？具体而言，我们可以从以下几个方面入手，巧妙且有针对性地收集信息。

一是要谦虚待人。学会尊重每一个人提出的建议。

二是要仔细甄选。通过观察和分析，找到能提供准确信息的人。

三是要辨别真伪。通过各种信息之间的印证，来辨别信息的真伪。

【事典】攻心计之唐太宗兼听创盛世

唐太宗李世民（599年—649年）登上帝位后，为了实现国泰民安，特意召来心腹大臣魏徵（580年—643年）询问，怎样才能成为一位明辨是非的君主。魏徵答道："身为国君，如果只听信别人的一面之词，就会稀里糊涂地做出错误的判断。唯有广泛听取各方的意见，采纳正确的建议，您才能不受他人的欺骗，做到下情上达。"

第一章 读懂人心：知己知彼，有的放矢

从此，唐太宗开始重视大臣们的谏言。为了鼓励大家直言不讳，他常对大臣们说："自古以来，帝王一旦发怒就随意杀人，而我为了不滥杀无辜，总是时刻提醒自己以此为戒。为了国家，请你们经常指出我的过错，我一定会虚心接受。"大臣们得到唐太宗的许可后，渐渐鼓起勇气向他进言。其中，最敢于直谏的人便是谏议大夫魏徵。

这一天，唐太宗在洛阳视察民情，当地官员提供的衣食住行条件不够好，使得他大发雷霆。这时，魏徵当即进谏道："隋炀帝为了追求享乐，到处巡游，导致民不聊生，最终国家灭亡。如今圣上已经得到了天下，应当借鉴隋炀帝失败的教训，力行节俭，怎么能因此而发脾气呢？试想一下，如果全国上下都效仿陛下，我们的国家将会变成什么样子？"唐太宗听后，虚心接受了批评。

又过了一年，陕西、河南遭遇了大洪水，许多地区受到了灾害。然而，就在此时，唐太宗却执意要修建一座飞龙宫。对此，魏徵立刻上书反对说："隋炀帝大肆修建行宫台榭，随意增加苛捐杂税，徭役无数，把百姓逼至绝境，终致灭亡。陛下一定要引以为戒，如果重复隋炀帝的做法，很可能也会重蹈隋亡的覆辙。"唐太宗看完后，不仅没有责怪魏徵的直言不讳，反而宣布停建这项工程，并将备用的木料送往灾区救济灾民。

还有一次，唐太宗想要修建洛阳宫，县丞皇甫德参得知后，上书反对说："修建洛阳宫，是劳民伤财的举动；收取地租太多，是加重人民负担的行为；现在，天下的妇女都流行高髻，这也是从皇宫里传出来的。"

唐太宗看了奏章后，勃然大怒道："这个人是什么意思？他是想让国家不役使一个人，不收一斗租，宫里的女人都变成秃子，他才会满意吗？"这时，魏徵连忙解释道："臣子上书，如果言辞不激烈，恐怕不足以引起圣上的重视。然而，倘若言辞太过激烈，又近似于诽谤。他之所以冒死进

言，也是为了社稷安危，希望陛下能理解他的一番苦心。"

唐太宗听了，觉得言之有理，于是怒气顿消，并派人赏赐了皇甫德参。

就这样，唐太宗大开兼听之门，君臣上下一心，共同开创了繁荣的贞观之治。

【评注】

据史料记载，唐太宗李世民是一代明君。然而，他登上帝位的过程并不顺利。这便是故事的背景。面对如此不利的局势，唐太宗若是偏执地一意孤行，势必会引发一些大臣与百姓的不满，从而导致他的威信下降。唯有广泛收集信息，多听取大家的意见，顺势而为，他才能稳固自己的皇权。

正因为如此，面对魏徵征提出的"兼听则明，偏信则暗"的建议，唐太宗铭记于心，从此大开兼听之门。他选择抛弃个人喜好和帝王特权，让大臣们畅所欲言，而他也从大家的言语中找到可以与他们保持同步的信息，从而拉近彼此间的距离，使整个朝堂团结一心。其实，唐太宗的攻心术很简单，就是通过信息先了解对方，继而融入对方立场，最后让对方将自己视为知己。这个从陌生到相知的过程，充分展现了攻心术的神奇和美妙。

3. 了解爱好：随其嗜欲，以见其志意

【简译】

从一个人的嗜好和欲望就可以洞悉他的志向。

【引申评论】

《鬼谷子》中说："随其嗜欲，以见其志意。"这条攻心法则虽然简单直白，却能直击人的心灵。它是攻克对方心防最有力的武器，能帮助我们快速拓展人脉。

所谓"随其嗜欲，以见其志意"，是指通过观察他人的兴趣爱好，来分析对方内心深处的需求。每个人都有自己感兴趣的事物，甚至有些人在兴趣上投入的精力和取得的成果，堪比专业人士。如果我们能了解他们的兴趣并投其所好，那么，我们获得的不仅仅是一个共同的话题，还有更进一步的亲密关系。正如《孙子兵法》中所说："知己知彼，百战不殆。"我们周围的每个人，几乎都有属于自己的兴趣与爱好。因此，要想获得他们的好感，我们就必须在待人接物时，做到知己知彼，然后针对不同的人，投其所好。这是人际交往的一条重要途径，能使我们在社交中如鱼得水、从容应对。

然而，对于投其所好的行为，有些人产生了误解，认为这是一种虚伪

的表现。殊不知，它其实是真诚的另一种表现形式，因为它不仅需要花费心思，还需要掌握一些说话的技巧和交际的手段。不可否认，投其所好含有一定的心机成分，但它并非阴险狡诈，更不是坑蒙拐骗，而是一种适度的自我展现。通过这种方式，我们表达了希望与他人交往的强烈愿望，让对方感受到这一信息并为之动容。人是感性生物，这既是我们的优点，也是我们的弱点。心理学研究表明，抓住他人的弱点对其施加影响，往往能够事半功倍，而投其所好正是利用了这一点，从对方的情感切入，使其接受我们的用心。

在现实生活中，只要先了解他人的喜好，然后投其所好、对症下药，常常会有意想不到的收获。例如，对于新邻居，我们可以仔细观察对方的喜好，并在日常生活中尽量投其所好，这样就能在对方心中留下良好的印象。对于自己想要追求的对象，我们不妨从侧面打听对方的爱好，然后安排一次符合对方喜好的约会，从而使彼此间的关系更进一步。那么，怎样才能灵活运用投其所好呢？这就需要我们从以下几个方面入手。

一是要了解对方。即要掌握对方的脾气、爱好和欲望。

二是要察言观色。要试着从日常交往中摸清对方的喜怒哀乐。

三是要把握分寸。避免过度迎合。

【事典】攻心计之缅伯高千里送鹅毛

我国民间流传着这样一个故事。贞观年间，每逢重要日子，藩国都会向宗主国进贡礼物。作为大唐的藩国，云南土司国自然也不例外。有一次，土司国的缅王为了向大唐示好，派遣缅伯高担任使者，带上一批奇珍异宝去拜见唐太宗。在这批贡品中，最珍贵的是一只白天鹅。

自从启程前往大唐，缅伯高的心中便开始担忧那只白天鹅：这一路山

第一章 读懂人心：知己知彼，有的放矢

高水远，万一白天鹅出现闪失，我该如何向缅王交代呢？因此，为了确保白天鹅安全无虞，缅伯高一路上都亲自照料。无论是进笼出笼，还是喂水喂食，他一刻也不敢懈怠。

这一天，缅伯高一行人来到了沔阳湖边，白天鹅看见水源，张着嘴巴，伸长了脖子，开始吃力地喘息。缅伯高见状，心生不忍，便打开笼子，将白天鹅带到水边，想让它喝个痛快。没想到，那只白天鹅喝饱了水后，竟然扇动翅膀，"扑棱棱"飞上了天！这可把缅伯高吓得不轻，只见他眼疾手快地向前一扑，本以为能抓住白天鹅，结果却只抓到几根羽毛。无奈之下，他只能眼睁睁地看着白天鹅飞得无影无踪。

望着白天鹅渐渐消失的身影，缅伯高捧着那几根雪白的天鹅毛，竟一时没回过神来，直愣愣地发呆。此刻，他脑子里反复思考着一个问题："怎么办？还要继续去大唐进贡吗？那用什么宝物送给唐太宗呢？难道要这样打道回府？我又有什么脸面去见缅王呢？"正在犹豫之际，他想起唐太宗虽然喜欢珍宝，却更加爱惜人才，于是决定继续前行。他拿出一块洁白的绸子，在绸子上题了一首诗：

将鹅贡唐朝，山高路远遥。

沔阳湖失去，倒地哭号号。

上复唐天子，可饶缅伯高？

礼轻情意重，千里送鹅毛。

缅伯高用绸子小心翼翼地把天鹅毛包好，披星戴月地赶路，不久就到了长安。

很快，唐太宗接见了缅伯高，缅伯高立刻献上了所有的贡品。唐太宗看了看缅伯高特意呈上来的绸缎小包，有些疑惑。缅伯高立刻诉说了自己路上的经历，并请唐太宗打开绸缎小包。唐太宗看完那首诗，连声说

道："难能可贵！难能可贵啊！千里送鹅毛，礼轻情意重！"随后，他便重重地赏赐了缅伯高。

【评注】

对于"千里送鹅毛，礼轻情意重"这句话，相信很多人都不会陌生，此故事便是其出处。故事的背景是，作为藩国使者的缅伯高，带着一批奇珍异宝跋山涉水去朝见唐太宗。谁知在途中，不小心弄丢了最珍贵的白天鹅。面对这突如其来的变故，如果缅伯高只是硬着头皮继续送礼，由于缺失了最重要的珍宝，势必不好交代。若是隐瞒此事被唐太宗得知，可能还会给整个云南土司国带来麻烦。

对此，深谙攻心之道的缅伯高并未坐以待毙，他基于对唐太宗的了解，施展了一招投其所好。首先，缅伯高为这次失误写了一首道歉诗，以表达致歉的诚意，同时也展现了自己的才华；其次，他不辞辛劳地赶路，努力缩短到达大唐的时间，第一时间承认自己的过错；最后，他如实向唐太宗讲述事情的经过，没有丝毫推卸责任的言辞，从而在唐太宗面前树立了忠诚的形象。唐太宗一向求贤若渴，面对缅伯高这样人品与才能俱佳的人才，赞赏之余，亦给予赏赐。

缅伯高无疑是聪明且机智的。他用一句"礼轻情意重"打动了唐太宗的心，并通过自己的实际行动证明了这条攻心法则的奇特功效：它不仅能帮助我们与他人建立亲密关系，还能在危急时刻扭转对自己不利的局势。

4. 观察言行：听其言而观其行

【简译】

不仅要听对方说了什么，更要看对方做了什么。

【引申评论】

《论语·公冶长》中说："听其言而观其行。"这条攻心法则可以从两个方面来解读：一方面可以增强我们的防范意识，另一方面可以洞悉他人的想法。

在社会交往中，我们会遇到形形色色的人，其中既有真心想与我们交往的，也有心怀叵测、图谋不轨的。对此，我们一定要小心提防，以免被欺骗、被利用、被伤害。要知道，人性复杂，人心难测。我们虽无法确定每一个接近我们的人是否别有用心，但可以通过观察对方的言行寻找蛛丝马迹，因为他们的每一句话和每一个行为都源自内心。尽管语言可以撒谎，行为也能够掩饰，但这些言行皆有迹可循，即便是假装，也会在无意间暴露出内心真实的意图。因此，在与他人交往时，我们不宜过于老实和单纯，要适当地存有一点心机和城府，对人七分信任，三分存疑。

此外，在人际交往的过程中，无论是出于本性，还是因为忌惮对方，抑或是为了验证所谓的心有灵犀，人们或多或少都会隐藏自己的真实想法，以致人与人之间出现不必要的隔阂，从而增加交际的难度。面对这种情况，《论语·为政》中早就给出了答案："视其所以，观其所由，察其所安。"这句话的意思是，想要了解一个人的内心世界，就要了解他的行为动机，分析他的行事方法，洞察他的价值取向。很多时候，生活中那些不经意间的言行，往往能反映内心真正的需求。可见，要想打破那道互不信任的屏障，我们就应当学会观察他人的言行，从而了解对方的心理活动，做到知己知彼。

实际上，"听其言而观其行"这一攻心法则是拉近并稳固人际关系的灵丹妙药，因为只有用心经营的人脉，才能牢不可破。例如，面对素未谋面的陌生人，我们可以通过观察对方的衣着打扮，分析出他的一些性格和习惯，从而找到让对方感兴趣的话题；面对许久未见的朋友，我们可以通过观察对方的言行，推断他这次见面的真实意图，从而掌握主动权。要想充分发挥这一攻心法则的作用，我们可以借鉴以下几个观察要点。

一是要观察穿着。一个人的穿着打扮往往显示出他的个性和品味。

二是要观察眼睛。作为心灵的"窗户"，眼睛能够传达内心的信息。

三是要观察表情。人的面部表情可以反映出他的情绪状态、心理活动等。

四是要观察姿态。姿势能够体现人当下的心理状态，如双手叉腰表示抗议等。

【事典】攻心计之鄂君揣摩上意获赏

公元前202年，刘邦（公元前256年或前247年—前195年）登上了帝位。他用了五年的时间消灭项羽，平定了天下。为了犒劳那些跟随自己的功臣，他决定论功行赏。

这一天，期待已久的论功行赏终于到来。当刘邦兴致勃勃地打算与功臣们共享天下时，他们却为了争功劳吵闹不休，一时间竟无法将封赏落实下去，只能留待下次再议。谁承想，这一拖便延迟了一年多。在刘邦看来，萧何的功劳最大，自然应该封他为侯，给他最多的食邑。然而，这样的决定却遭到了群臣的非议，但这一次，刘邦十分坚持，大臣们也只得勉强同意。接着，又到了席位高低的排序，群臣一致认为平阳侯曹参功劳最大，应当排在第一位。

原本刘邦是想让萧何排在首位的，但在封赏时，他已经委屈了一些功臣，如果现在仍然坚持让萧何居于第一，势必会遭到群臣的一致反对，自己也会难堪。一时之间，他心里左右为难，脸上的表情也随之变幻莫测，想开口却又不好意思，只能欲言又止。

此时，关内侯鄂君已经看出了刘邦的异常，经过揣摩，很快便明白了他的意图。于是，鄂君不顾众大臣的反对，挺身而出说道："大家的评议都错了！曹参虽然有攻城略地的功劳，但这只是一时之功。况且，在陛下与楚霸王对抗的五年中，曹参也不是每战必胜，还经常在打败仗后丢盔弃甲，四处逃避，而萧何却常常从关中派兵填补战线上的漏洞。楚汉在荥阳对抗了好几年，每当军中缺粮，都是萧何从关中转运粮食进行补给，才使得粮饷充足。再说，陛下有好几次在山东失利，都是靠萧何保全关中，才能确保陛下无后顾之忧地奋勇杀敌，这才是万世之功。如今即使少了百个曹参，对汉朝又能有什么影响呢？我们汉朝也不必依赖他来保全！为什么你们认为一时之功高过万世之功呢？我主张萧何为第一，曹参次之。"

听了鄂君的这番话，刘邦心里无比高兴，终于有人说出了他的心里话，于是连忙说道："这个建议好，就这么办！"随后，他立刻下令将萧何的席位排在第一，特许他不仅可以佩剑入殿，而且上朝时也不必疾行。在论功行赏的最后，鄂君因提出了"萧何排首位"这个好主意，被刘邦改封为安平侯，食邑也比原来多。

【评注】

刘邦是西汉的开国皇帝，却出身农民。由于自身文化水平不高，相对于头脑简单、四肢发达的武将，他更看重那些能够发号施令、出谋划策的文臣。这个故事便是在这样的背景下发生的。在论功行赏时，刘邦给予了萧何丰厚的封赏，以至于在安排朝中席位时，他不敢坚持让萧何排在第一位，以免引起大臣们的强烈不满。对此，善于揣摩人心的鄂君早已通过观察，明白了刘邦的意图，于是施展了一招顺水推舟，将萧何与曹参的功劳进行对比，用事实证明萧何确实应该排在第一位。就这样，鄂君用自己的口说出了刘邦想要表达的意思，从而赢得了刘邦的好感。

其实，鄂君的攻心手段就是"观察言行"这四个字。作为一个战功不显、功劳不足的人，在论功行赏之时，原本只能分得功臣们剩下的"残羹冷炙"。然而，鄂君及时察觉到了刘邦的心意，并投其所好。他不仅帮助对方完成了心愿，还将自己从受赏的配角变成了主角。这种角色之间的转变，展现了"听其言而观其行"这条攻心法则的独到之处，同时彰显了善于攻心者的聪明才智。

5. 探求反应：以反求复，观其所托

【简译】

从事物的反面去推导正面，进而观察事物所寄托的真实目的。

【引申评论】

"以反求复，观其所托"的理论源自《鬼谷子》，其核心思想是溯本求源。这条心理策略采用了回溯推理法，旨在探求反应，将复杂的人际关系简单化。

在现实生活中，人与人之间的交往并非简单直白，往往夹杂着许多不确定因素，如思想、人情、利益等，使得原本简单的事情变得复杂。在这种情况下，我们不能沿着复杂的脉络继续探索，而应"反其道而行之"，通过追溯事情的本源，了解他人隐藏的目的和动机。《皇极经世·观物外篇》中提到："以物观物，性也；以我观物，情也。"通过事物的本来面貌可以分析出其本性，而通过自我的主观意识可以反映出自己的真实情感。换句话说，只要追根溯源，就能找到事物的本质。因此，在面对复杂的人际关系时，我们要学会抽丝剥茧，探查对方的最终目的。

实际上，"以反求复"更重要的意义在于解决冲突。在与人交往的过程中，由于认知上的偏差、沟通障碍、情绪失控等诸多原因，彼此间往往

会产生矛盾或冲突。面对这种情况，我们无论是一味坚持自我，还是毫无原则地妥协退让，都不是既治标又治本的良策，因为横亘在双方之间的根本问题没有得到解决。对此，正确的做法应该是溯本求源，冷静分析导致冲突的根本原因，从而采取有效的措施来解决问题。因此，正如《论语》中所说的"三思而后行"，对于棘手的交际难题，不要下意识地立即采取行动，而应当学会先分析原因，再有针对性地去解决，这样才能达到事半功倍的效果。

不难看出，这条"以反求复，观其所托"的攻心法则，非常有利于我们化解交际中的冲突和矛盾。例如，面对爱人的无故发脾气，我们可以想一想当天是否是重要的纪念日，或者从爱人的同事那里打听一下对方当天是否受了委屈等，从而从根本上解决问题。面对昔日温和的同事突然变脸，我们不妨直接面对面询问缘由，然后再有效地解决矛盾。然而，在很多时候，说来容易，做来难，怎样才能有效做到"以反求复"呢？我们不妨从以下几点入手。

一是千万别冲动。无论遇到多么棘手的难题，都要保持冷静。

二是要正确分析。通过必要手段找准方向做出分析，以免做无用功。

三是要保持耐心。当追根溯源遇到难题或瓶颈时，要有足够的耐心去抽丝剥茧。

【事典】攻心计之赵广汉智斗盗匪

西汉宣帝时期，由于盗匪猖獗，国都长安的治安一度陷入混乱。百姓受害的事件频繁发生，人们都过得提心吊胆，怨声载道，对朝廷更是失去了信任。面对这种严峻的形势，刚刚上任的京兆尹赵广汉忧心忡忡。他为了挽回民心，想尽快结束这种局面，却因人生地不熟，不知该从何处下手。

这天,赵广汉找来自己的心腹,一同商议剿匪之事。心腹听后面露难色,随后便向赵广汉陈述了他近期收集到的信息:"大人新上任,不太了解其中的情况。长安城内盗匪之所以猖獗,是因为这些盗匪行踪诡秘,出入无常,即使官府再努力也难见成效。以往的官员都是有事才打压,无事便享清闲,也没有因此遭到弹劾。大人您才刚刚上任,即便没有解决匪患的问题,也不会有人太过责怪您,您又何必将此事揽在身上,自讨苦吃呢?"

赵广汉听后表情更为严肃,他郑重地说:"盗匪不绝必有其根源,而我们之所以不知对方的底细,是因为以前的官员不尽职尽责。我现在立志要剿除盗匪,自然不能和那些官员一样无所作为!"从那以后,赵广汉便开始实施自己的剿匪大计。为了不打草惊蛇,他命人暗中详查,表面上却故作轻松,没有采取任何明显的剿匪行动。盗匪们以为他也是碌碌无为之辈,于是便放下心来,开始胡作非为。一时间,盗匪蜂拥而出,长安的治安形势更加严峻。

此时,得知消息的朝中大臣们纷纷向皇帝上书,指责赵广汉失职,称他不如之前的京兆尹,只是领取俸禄而不办事。然而,赵广汉却不为所动,依然我行我素,继续放任盗匪为所欲为。然而,就在大臣们弹劾赵广汉不久后,赵广汉便开始四面出击,并且每次出击都能得手。很快,长安的盗匪被清剿一空。赵广汉如此快速而有效地剿匪,受到了汉宣帝的大力表彰。然而,汉宣帝对此十分好奇,他不明白赵广汉为何之前对盗匪们不闻不问,而之后却能如此轻易地将他们一网打尽。

赵广汉答道:"臣故意装作不闻不问,只是想让盗匪悉数暴露,以便臣的属下摸清他们的状况,查清他们作恶的根源,以及那些与他们勾结的官吏收取了多少贿赂等。只有将这些问题都搞得明明白白，才能将他们一网打尽，让他们无法抵赖，最终只能乖乖就范。"

【评注】

　　俗话说"新官上任三把火"，面对害得百姓不能安居乐业的匪患，作为刚刚走马上任的京兆尹，赵广汉无疑想借剿匪这件事，让自己的"这把火"烧起来。然而，要想打出自己的威信，赵广汉必须解决摆在面前的难题：盗匪虽然猖獗，却行事缜密，行踪更是飘忽不定，即便官府下大力气去捉拿，也难以见效。到那时，耗时耗力暂且不说，首战便以失败告终，定会大大降低自己在百姓心目中的威信。赵广汉深知，面对如此棘手的难题，他若按照常规做法，撒出所有兵力全城通缉，非但无法逮捕盗匪，还会浪费有限的资源，更重要的是会打草惊蛇，使盗匪更加警觉。

　　正是基于这一点，善于攻心的赵广汉才选择了反其道而行之。他表面上不动声色，任由盗匪们猖狂，暗地里却在追查他们如此行事的根源，并收集他们与官员勾结的证据，从根本上弄清盗匪猖獗的真相。这样一来，不但能让有恃无恐的盗匪们逐一浮出水面，而且在对簿公堂时，也可以让他们在铁证面前哑口无言，不得不认罪，从而更有效地解决匪患难题。事实上，赵广汉的这种办案手法，已经透露了这条攻心法则的真谛：帮助我们快速看清事物的本质，有效找到问题的最优解。

6. 评估对方：权知轻重，度知长短

【简译】

称过才能知道轻重，量过才能知道长短。

【引申评论】

《孟子·梁惠王上》中说："权，然后知轻重；度，然后知长短。"与人交往也要权衡轻重，才能在人际交往中进退有度。

很多时候，我们与他人的关系常常处于相互依存而又充满竞争的状态。在相互依存时，我们通常会先评估对方，然后选择与自己三观契合的人；在面对竞争时，我们会第一时间权衡利弊，选择能给自己带来最大利益的人。趋利避害、趋吉避凶是人的本性。在人际交往过程中，"权衡轻重、审时度势"是一种必然，因为只有对对方进行准确的评估，才能使我们受益多、受损少。这正如《吴子·图国》中所说："谋者，所以违害就利也。"这句话的意思是，那些有智慧的人，往往会通过谋划来避开祸害、追求利益，而人际交往的规则正是如此。

人与人之间交往的本质是信息和物质的交换，简单来说，就是互相满足对方的需求。然而，凡事都有两面性，无论是人还是事物，往往都不是单一的，不是完全的正面或负面，而是同时存在着优点和缺点。因此，我

们需要进行权衡和评估，以实现自身利益的最大化。在面对选择和决策时，通过权衡利弊，采取有利于自己的行动，才是成就大事的关键。可见，在与他人交往的过程中，我们不能简单地将对方划分为好人或坏人，而应尝试从多个角度评估对方，这样才能做出对自己最有利的选择。

在现实生活中，灵活运用"权知轻重，度知长短"这条攻心法则的例子比比皆是，人们因此或规避了风险，或获得了利益。例如，在进行投资决策时，我们通过对前期投入与最终收益进行比较，往往能更轻松地排除高风险项目，从而有效地避开危机；在需要合作共赢时，我们通过对合作者的实力、性格、手段等进行全方位评估，就能找到最有利于自己的合作伙伴，从而取得最终的胜利。然而，权衡之术说来简单，实施起来却并不容易，尤其是还要做到不露痕迹，以免得罪小人。对此，我们不妨从以下几个方面入手。

一是要学会区分轻重缓急。将重要的事情放在第一位，以免浪费时间和精力。

二是要有一定的大局观。不能只凭自己的好恶来做选择，而应打开格局。

三是要适当地放弃。不要过于追求完美，忽略掉细枝末节，抓住事情的关键。

【事典】攻心计之王猛权衡择明主

东晋时期，王猛（325年—375年）游历到邺城（今河北省临漳县）时，遇到了当时担任侍中的徐统。徐统见到王猛后，认为他是难得的人才，便想任命他为功曹。然而，王猛心怀高远，自信可以获得更高的官职，果断拒绝了徐统的邀请，并前往西岳华山隐居。

第一章　读懂人心：知己知彼，有的放矢

354年，荆州都督桓温（312年—373年）率军向北方征战。在一次击败苻健的军队后，桓温将军队驻扎在灞上（今陕西省西安市），引得百姓纷纷前去慰问。王猛得知消息后，穿着一身麻布短衣前往军营求见。桓温见状，不仅没有轻视他，还请他谈谈对当今局势的看法。王猛毫不拘束，在众人面前，一边把手伸到衣襟里捉虱子，一边滔滔不绝地谈论天下大事。

桓温见此情景，心里不禁感到惊奇，于是继续追问道："我遵照皇帝的命令，率领十万精兵前来讨伐逆贼，为百姓除害，却没有关中的豪杰愿意来我这里效力，这是为什么呢？"王猛回答："您不远千里来讨伐敌寇，长安城已经在您眼前了，而您却不渡过灞水将其拿下，以致大家摸不透您的心思，所以不敢贸然前来。"王猛的这番话，正好说中了桓温的心思，这不仅没有令桓温恼怒，反而让他更加觉得王猛非同凡响，于是临走前，便想请王猛辅佐自己。

王猛这次前来拜见桓温，原本是想显露才华，以便出山干一番大事。但经过权衡，他还是打消了这个念头。一方面，他很清楚东晋现在是士族当道，自己很难有所作为；另一方面，在考察过桓温后，他发现桓温怀有不臣之心，若辅佐这样的人，恐怕会令自己的名声受损。因此，他拒绝了桓温的邀请，继续回到华山隐居。

桓温回去后的第二年，前秦开国皇帝苻健去世。继位的是他的儿子苻生。苻生昏庸无道，残暴不仁，引发了百姓们强烈的不满。此时，苻健的侄子苻坚站了出来，决定除掉这个暴君，于是开始招贤纳士，壮大自己的实力。有一次，吕尚书向苻坚推荐了王猛，苻坚便诚挚地邀请王猛出山。两人一见如故，相谈甚欢，许多观点都不谋而合。这次见面让王猛觉得，眼前的苻坚才是值得自己效力一生的对象，于是爽快地答应为苻坚出谋划策。

357年，苻坚一举消灭了暴君苻生，成为前秦的君主，而王猛则一路高升，成就了一番轰轰烈烈的事业。

【评注】

历史上的王猛是一位政治家、军事家，实际上，他更是一位善于攻心的谋士。在这个故事的开端，王猛就展现出了他的谋略。面对徐统的招揽，他权衡之后果断拒绝，因为对方给予的官职与他的期望不符。随后，他没有贸然闯入乱世，而是隐居在西岳华山中"待价而沽"。当他看准时机，准备投身于桓温麾下时，却发现对方人品有瑕疵，为了保住自己的清名，再次选择了拒绝。直到遇见三观契合的苻坚，对方不仅能给他提供施展才华的广阔舞台，更有望携手成就千古伟业，他才愿意出山辅佐这位明主。

其实，王猛的智慧在于权衡与评估：面对徐统时，他在评估对方给予的利益后，在自我能力和利益之间进行权衡，选择相信自己的能力；面对桓温时，他在评估对方的人品后，在自我清誉和收益之间进行权衡，选择保全自己的名声；面对苻坚时，他不仅全面评估对方，还进行了利弊的比较，最终才决定追随。从故事中我们不难看出，王猛每次都坚定地选择了对自己最有利的一面，因此才追随了明主，成就了非凡功业。他的成功，也充分彰显了这条攻心法则的卓越与不凡。

7. 换位思考：不患人之不己知，患不知人也

【简译】

不要担心别人不了解自己，要担心自己不了解别人。

【引申评论】

《论语·学而》中说："不患人之不己知，患不知人也。"这条法则是人际交往的基石。我们唯有将心比心，换位思考，才能拉近彼此的距离，使对方更乐于与我们交往。

在人际交往过程中，用自认为好的方法去对待他人，是自作多情；用他人期望的方式去对待对方，是善解人意；站在他人的立场为对方着想，才是最朴素且最高超的社交技巧。要知道，唯有换位思考才能产生同理心，从而找到对方的需求，更好地理解他人，这样他人也才更容易接受我们及我们的想法和观点。正如《论语·颜渊》中所说的"己所不欲，勿施于人"。这句话的意思是，自己都不喜欢的事物，就不要强加给他人。因此，在与他人交往时，我们要学会从对方立场出发进行换位思考，以真心换真心，为自己争取一个知己的位置。否则，无论我们说多少"甜言蜜语"，都不一定能赢得对方的"芳心"。

实际上，将心比心的换位思考是达成共识不可或缺的一部分，它能够

在情感上促进双方有效沟通。这既是一种理解，也是一种关爱，更重要的是，它能化解许多不必要的冲突，增进双方的亲密感。现实生活中，大多数矛盾的起因就是无法换位思考。由于思维和立场的不同，人们常常无法理解别人的言行，导致彼此之间出现不必要的误会。这时，如果我们能克制住指责的冲动，尝试深入了解对方，将自己置身于对方的处境中，查明背后隐藏的原因，就会发现许多看似棘手的问题其实很容易解决。可见，换位思考既是交际中常用的一种手段，也是能令对方转变态度的一种技巧。

综上所述，"不患人之不己知，患不知人也"这句古训的核心重在理解，它能帮助我们更有效地打动人心。例如，当下属在工作中遭遇挫折时，我们不应一味责备，若能从他的角度思考，给予适当的鼓励和帮助，对方定会心怀感激。当朋友突然做出意想不到的决定时，我们不必急于追问原因，可以先设身处地地考量，再为对方分析这件事情的利弊，对方更易接受。那么，如何才能做到换位思考呢？不妨借鉴以下几点。

一是要学会接纳不同。对于不同的思想、观念、信条，我们要试着去理解。

二是要认真倾听。试着从他人的言语中去理解对方的行为举止。

三是要伸出援助之手。站在他人的立场给予对方适当的关心和帮助。

【事典】攻心计之饭馆伙计巧留客

乾隆年间，京城郊区的一个小镇上，有一家刚开业的饭馆。起初生意非常红火，但没过多久便门庭冷落。掌柜对此百思不得其解：饭馆不仅干净卫生，厨师也在业界小有名气，几位跑堂的伙计更是服务周到，为什么生意会这么差呢？

这天，小镇上的一位秀才邀请几位同窗在饭馆里小聚。掌柜顿时心花怒放，为了留住这些客源，他不仅送酒送菜，还频频上前敬酒，竭尽所能地与那几个人拉近关系。掌柜的一言一行，都被一位跑堂的伙计看在眼里。当掌柜热情地送走那几位客人后，伙计实在忍不住来到掌柜面前，说道："掌柜的，如果您继续这样待客，我们的生意只会更差。"

掌柜一听这话，立刻不高兴了，质问道："听你这话的意思，是有更好的办法？"

伙计回答："办法是有，但需要您答应我一个条件。"

掌柜上下打量了伙计一番，问道："什么条件？你说！"

伙计说道："请让我担任十天的掌柜，并且在这期间，所有人都要听从我的安排，包括您在内。"

掌柜看了一眼胸有成竹的伙计，沉思片刻，抱着"死马当活马医"的想法，咬牙说道："好，我答应你的条件，但是如果你不能让生意有所起色，就给我卷铺盖走人！"

从第二天起，掌柜便开始暗中观察伙计的一举一动。只见他对所有客人都只是微笑、点头，从不向客人敬酒或套近乎。让掌柜难以置信的是，自从伙计上任以来，生意一天比一天好，利润与以前相比已经翻了好几番，老客户也越来越多。掌柜对此感到既惊讶又好奇。

终于，十天过去了，掌柜迫不及待地问伙计："你是怎么做到让生意好转的？"

伙计笑了笑，说："其实很简单，只要您站在客人的角度去想一想，便会有答案了。"

看着一脸茫然的掌柜，伙计解释道："客人来这里的目的就是吃饭，或是与朋友联络感情。您动不动就上去敬酒、套近乎，对他们来说是一种打扰，非常影响他们吃饭的心情。或许您的出发点是好的，但是客人们并不需要。试问，一家连饭都不能好好吃的饭馆，谁还会再来呢？"

掌柜听后恍然大悟，当即虚心向伙计请教，伙计也不吝啬，将对经营的一些想法娓娓道来。从那以后，掌柜便任命伙计为二掌柜，两人一起经营这家饭馆。在两人的共同努力下，饭馆的生意越来越好。没过几年，他们就在其他地方又开了几家分店。

【评注】

也许有人会羡慕饭馆伙计的好运，能从一个小小的跑堂摇身一变成为二掌柜。殊不知，伙计依靠的并不是运气，而是攻心的智慧。实际上，从饭馆的生意开始下滑时，这位心思缜密的伙计便通过饭馆的经营情况，推测出生意每况愈下的原因并不是食物，而在于人。说白了，就是食客们的需求。因此，他暗中观察掌柜待人接物的方式，终于发现问题的关键在于掌柜不懂得换位思考，只是一味地展现自己的热情。试想一下，谁愿意经常去一家让人不自在的饭馆吃饭呢？食客们虽然注重食物的味道，却更重视内心的需求。相较于食物的味道，他们更渴望遇到能让自己身心愉悦的服务人员。

于是，善于攻心的伙计抓住机会，掌握饭馆的话语权。他一改之前掌柜敬酒、套近乎的做法，从客人的角度出发，给予他们礼貌微笑和点头示好。这一方面为食客们提供了自由的个人空间，另一方面也巧妙地隐藏了功利之心，重新赢得了客人们的信任。饭馆从生意红火到门可罗雀，再到利润上涨，这一系列的变化，都源自伙计对"不患人之不己知，患不知人也"这条攻心法则的灵活运用。同时，伙计的经历也向我们展示了攻心者的聪明才智。

第二章

修饰言辞：说话有道，突破心防

相信没有人敢小觑语言的力量，它可以如春风般让人感到温暖，也可以如锋利的钢刀刺伤他人的心。这便是说话的艺术，关键在于如何表达。要想轻松突破他人的心防，我们必须学会修饰自己的言辞，运用语言的魅力，让对方产生认同感和紧迫感，从而不自觉地倾向于我们的观点。语言是一门博大精深的学问，它不仅考验我们的学识，更检验我们对人心的把握。唯有适当地对语言进行包装，我们才能在人际交往中无往不利。

8. 择人而言：中人以上，可以语上也

【简译】

唯有具备中等以上才智的人，才能教给他高深的学问。

【引申评论】

所谓"中人以上，可以语上也"，运用在人际交往中就是对于不同的人，应采用不同的沟通方式。它不仅是促进人际交往的"润滑剂"，更是我们与他人有效沟通的重要保障。

《论语》中说："中人以上，可以语上也；中人以下，不可以语上也。"这句话的意思是说，可以向智商高的人传授高深的学问，而对于智商低的人，则不宜讲授高深的学问。换言之，对于不同的人，要采用不同的沟通方式，否则便如同对牛弹琴。一直以来，沟通在人际交往中都占据着不可替代的重要地位。如果我们能够让对方乐于与我们交谈，这就意味着对方已经对我们敞开了心扉。要做到这一点，我们首先要学会与合适的人说合适的话，唯有如此，才能实现有效的沟通。"酒逢知己千杯少，话不投机半句多。"可见，说话也要因人而异，并且对不同的人需要采用不同的说话技巧，方能深入人心。

《庄子·秋水》中说："井蛙不可以语于海者，拘于虚也；夏虫不可以

语于冰者，笃于时也；曲士不可以语于道者，束于教也。"生活中，我们常常苦口婆心地去劝慰他人，结果却事与愿违，不仅没有取得好的效果，反而还得罪了对方。殊不知，这并不是因为我们的口才不好，而是没有选对说话的对象或话题，从而引起了对方的反感。要知道，人各有不同，每个人都有自己想听或不想听的话。我们唯有因人而异，因情而异，说出契合对方心理的话，才能博得对方的好感，从而实现目的。简单来说，就是要说符合对方口味的话。这样的话语常常能一语中的，表达出别人的心意。此时，我们就成功营造出了"自己人"的感觉，能够在心理上无限接近对方的想法。

在社交场合，"中人以上，可以语上也"这条攻心法则运用非常广泛，是一种有效的沟通手段。例如：在父母面前，孩子为了免受责备，会说些顺父母心意的话；情侣之间，为了讨对方的欢心，也会说一些甜言蜜语；而在职场，下属为了获得上司的青睐，常常会说上司爱听的话。具体而言，我们可以从以下几个方面入手，学习如何与不同的人进行沟通。

一是对亲人要直接。对血脉相连的至亲，我们不妨直接说出需求，以免猜忌。

二是对朋友要有度。对朋友说话一定要言辞有度，在合适的场合说恰当的话。

三是对对手要严谨。面对对手，应时刻保持警惕，说话必须谨慎，以免因言语疏漏掉进陷阱。

【事典】攻心计之文种识人不清被杀

公元前473年，越王勾践（约公元前520年—前465年）攻破吴国都城，吴王夫差自尽。随后，越王便在吴王的宫殿里举行了盛大的庆功宴。宴席开始不久，谋臣文种（？—前472年）上前献上祝词，借此机会为功臣们请赏。越王听后，却沉默不语。

又过了一会儿，文种再次献上祝词，为功臣们请求封赏。这一次，越王不仅没有说话，脸上还隐隐流露出怒气。此时，另一位大臣范蠡（公元前536年—前448年）已经看出，越王只能共患难，不能共富贵。他不惜牺牲群臣的性命来成就自己的功业，却不愿在得偿所愿后封赏功臣。想到这里，范蠡不由得大失所望。经过多番思量，他决定寻找机会离开越国。

越王从吴都返回越国后，开始北上争霸中原。当越王凯旋，志得意满时，范蠡却感到了一丝危机，于是劝文种说："现在是离开越王的时候了，否则将有杀身之祸。"然而，文种却不以为然，认为现在正是向越王展现自己治理能力的好时机。

范蠡离开后写信给文种，告知他不离开的后果：越王并不是一个宽容的人，在他需要你时，你的直言和莽撞都是才华的展现；可一旦他不再需要你，你这样的处事方式便会触及他的逆鳞，他势必将你除之而后快。然而，面对范蠡言辞恳切的劝说，文种始终不相信越王会加害自己，因此，他依然选择留在越王身边。

当越王勾践完成大业后，他对功臣们的态度果然逐渐冷淡起来，并且越来越疏远他们。文种因此心中郁闷，整日忧心忡忡，以致病倒了，多日没有上朝。这时，有人趁机向越王诬告文种："文种自以为大王能有今天的成就，全是他的功劳，但大王既不为他加官晋爵，也不给予封地，因此他怀恨在心，故意不上朝见大王。"越王听了这番话，心中便开始对文种产生了反感。

不久之后，越王召见文种说："你有七个克敌制胜的兵家良策，如今只用了其中三个，吴国已经灭亡。还有四个良策在你手中，我希望你能用剩下的四个良策,到地下去辅佐已故的大王打败吴国的先人。"事后,文种回到家中,对妻子说:"我已经看出来了,大王有意杀害忠良。我的性命恐怕保不住了,可能很快就要丧命。"

果然,越王赐给了文种一把剑。文种接剑后,仰天长叹:"可悲啊!我真后悔当初没有和范蠡一起离开,最终还是逃不脱被越王所杀的命运!"说完,他便挥剑自刎了。

【评注】

提到越王勾践,相信熟悉历史的人都不会陌生,这个故事便围绕他与文种、范蠡展开。在故事的开端,文种为了替功臣们讨要封赏,两次借着祝词向越王进言,但越王都没有表态,甚至还有些愤怒。对此,文种没有意识到自己的话已经引发了对方的不满,而心思缜密的范蠡却早已看透了一切,暗暗寻找合适的时机准备离去。范蠡离去前,苦口婆心地劝告文种,越王已经听不进他所说的话了,如果他再继续追随,一定会有性命之忧。然而,文种依然我行我素,始终没有领悟"中人以下,不可以语上也"的道理,直到越王赐给他一把剑,他才用自己的生命证实了这条攻心法则的重要性。

显而易见,相较于文种的执迷不悟,善于攻心的范蠡要聪明得多。从故事中文种和范蠡两种截然不同的结局,我们不难看出这条攻心法则的不同凡响之处,以及善于攻心者的聪慧与机智。

9. 切中要害：夫人不言，言必有中

【简译】

这个人除非不说话，一说就必定能切中要害。

【引申评论】

《论语·先进》中说："夫人不言，言必有中。"在人际交往中，只有把话说到点子上，才能让别人心服口服。这是说服他人的关键法则。

生活中，我们经常需要说服他人，一旦成功，我们就能整合对方的资源，从而拓展人脉。然而，说服他人是一门精妙的艺术。要让别人欣然接受我们的观点，必须掌握一定的策略和技巧，因为没有人愿意轻易否定自己的想法。为此，我们需要学会抓住关键，把话说到点子上。换句话说，就是要收集他人话语中的关键信息，洞察对方的漏洞或意图，从而提升自己的说服力。正如古诗《前出塞九首》中所说"射人先射马，擒贼先擒王"，凡事只有抓住问题的关键，才能让对方心甘情愿地听从，否则，即使我们说得天花乱坠，对方也不会被打动。

那么，如何才能做到击中要害呢？这就需要我们学会洞悉对方的心理。很多时候，只要我们能够洞察他人的心思，就可以在此基础上找到关键所在，从而轻而易举地说服对方。实际上，从心理上分析他人，是我们

正确认识交际的基础。世界上的人千差万别，只有认识到对方的独特之处，才能区分彼此之间的差异，从而有效地解决问题，使对方接受我们提出的观点。此外，只有当我们抓住对方的心理时，才能将话说到点子上。如果我们不知道对方心里所想、所需，又如何去寻找对方的思维漏洞呢？所以，我们要更多地去了解、揣摩他人的内心，这样才能击中对方的要害，引起对方的共鸣，使其乐意接受我们的观点。

要知道，说服并不仅仅是简单地让对方认同，而是一场心理上的博弈。唯有触动对方的心弦，我们才能获得真正的胜利。比如，孩子想要买新玩具，一味哭闹收效甚微，但一句"我现在玩的还是前年的旧玩具"便能让父母心软；情侣争吵时，再歇斯底里也换不来理解，而一句"这是我为你做饭时留下的烫伤"就可以叫停争执。可见，这条攻心法则能在人际交往中帮助我们直击他人的心灵。那么，怎样才能做到这一点呢？不妨从以下几个方面入手。

一是要学会倾听。试着从对方的话语中分析他的需求。

二是从性格入手。根据不同的性格特点，有针对性地去说服。

三是要善于思考。面对问题，要试着找出最佳的解决途径。

【事典】攻心计之朱博变"犯"为"官"

汉朝时期，朱博刚上任左冯翊（官名，与京兆尹和右扶风合称"三辅"）时，有人向他告发一位名叫尚方禁的官吏。原来，尚方禁仗着家底雄厚，在长陵一带为非作歹，还因强奸妇女被人砍伤了脸。这样的恶霸本该受到重罚，却因贿赂了官府的功曹，竟然当上了县尉。

朱博得知消息后，气愤不已，便找了个借口召见尚方禁。尚方禁见上官突然召见自己，心里惴惴不安，可又无法躲避，只好硬着头皮去见朱博。朱博仔细打量了尚方禁一番，果然发现对方的脸上有疤痕。正当他准备发难时，却忽然灵机一动，决定要好好利用对方的这一把柄。于是，他屏退左右，假装关心地询问道："你这脸上的伤是怎么弄的呀？"

尚方禁知道朱博已经了解了自己的情况，心想这下肯定要蹲大牢了，于是便像小鸡啄米似的连连给朱博叩头，嘴里不停地说道："小人有罪，小人有罪。"

朱博见对方也不隐瞒，便顺势让对方原原本本地说出自己的罪行。尚方禁胆战心惊地如实讲述完，头也不敢抬，只是一个劲地跪地哀求恕罪，并连连保证今后绝不再犯。朱博见自己的目的已经达到，便说："本官想给你一个戴罪立功的机会，你可愿效力？"

尚方禁听后大喜，赶紧表忠心："小人万死不辞，一定为大人效劳。"

于是，朱博命令尚方禁不得向任何人泄露这次的谈话内容，并要求他有机会时记录其他官员的一些言论，及时向自己禀报。就这样，尚方禁俨然成了朱博的亲信、耳目。自从被朱博重用后，尚方禁对朱博感恩戴德，工作也特别卖力，成效显著。由于接连破获多起犯罪案件，使地方治安状况大为改善，朱博又提拔他为县令。

之前通过尚方禁的供述，朱博注意到了那个当年收受贿赂的功曹。然而，他并没有立刻召见对方，而是以尚方禁为幌子，让那个功曹放松警惕，以免打草惊蛇。

又过了很长一段时间后，朱博突然向那个功曹发难，要求他将自己受贿的事全部记录下来，不能有丝毫隐瞒。为了增加威慑力，朱博还严厉地吼道："记住！如果有半句欺瞒，当心你的脑袋搬家！"这句话吓得那功曹如筛糠般颤抖，忙回道："小人一定如实坦白。"

见那个功曹写完自己的罪行，朱博说道："你先回去好好反省，等待裁决。从今往后，一定要改过自新，不许再胡作非为！"说完，他拔出了刀。那功曹一见朱博拔刀，吓得两腿一软，连连作揖，喊道："大人饶命！大人饶命！"朱博只是晃了晃刀，便销毁了功曹写下的罪状材料。

从这以后，那个功曹终日如履薄冰，工作起来尽心尽责，不敢有丝毫懈怠。

【评注】

历史上，朱博本是一位勇猛的武将，然而他的计谋和手段，却不输于文官。从这个故事的开端，我们不难发现朱博的困境，那就是由于刚上任不久，身边没有可靠的人手供他使用。面对这个难题，如果他选择循规蹈矩地培养亲信，费时费力暂且不谈，能否顺利出师并助他稳住局势，也是一个未知数。然而，抓住他人的要害，再施以宽恩，将对方收为己用，显然是更优之选。

所以，善于攻心的朱博大胆使用犯错之人，巧妙利用对方身上的要害来实现自己的目的。对于恶棍尚方禁，他不仅没有革职查办，反而以此为要挟，使对方从一个无恶不作的小人，转变为一个踏实为民办事的官员。对于那个受贿的功曹，在掌握了对方犯罪的确凿证据后，朱博也如法炮制地将其纳入麾下。从故事中两个恶徒随后的表现，我们不得不由衷地称赞这条攻心法则的妙不可言。

10. 言辞有度：巧言令色，鲜矣仁

【简译】

喜欢花言巧语的人，往往很少有仁德之心。

【引申评论】

《论语》中说："巧言令色，鲜矣仁。"在人际交往中，要做到言辞有度，学会把握说话的分寸。显而易见，这条为人处世的法则的精髓就在于一个"度"字。

度，是事物保持其质的限度。任何事物一旦超出这个范围，其性质就会发生变化。毋庸置疑，我们都生活在这个度中。只要不越过度的边界，一切都会相安无事，甚至可能带来意外的收获；反之，如果我们一不小心越界，就会因性质改变而承受相应的惩罚。"大喜易失言，大怒易失礼，大惊易失态，大哀易失颜，大乐易失察，大惧易失节，大思易失爱，大醉易失德，大话易失信，大欲易失命。"可见，凡事都不能过度，尤其是在与人交往的过程中，我们更应少一些花言巧语，多一些真诚和包容，这样才能与人顺畅地沟通。

然而，生活中总有一些自以为是的"聪明人"。他们喜欢事事抢先发声，处处卖弄自己，结果聪明反被聪明误，说过的话都成了"空头支票"，

以致事情朝着相反的方向发展。殊不知，真正聪明的人，每一句话都是经过仔细斟酌，并且建立在理性思考的基础之上，然后小心谨慎地把话说得恰到好处，从而获得他人的好感，为自己拓展人脉。《周易·丰》中也有类似阐述："日中则昃，月盈则食。"意思是太阳过了正午就会偏西，月亮圆满之后就会有亏缺。在现实生活中，我们唯有懂得言辞有度，拿捏好交流的分寸，既不夸大其词，也不过分偏激，才能在有效沟通的前提下，进一步拓展自己的交际圈。

事实上，掌握言辞的分寸是一种做人做事的智慧。但凡成功之人，都深谙其中的奥妙。例如，当我们面对朋友时，适度的交谈常常能赢得对方的赞赏，从而收获更为牢固的友谊；在面对追求对象时，恰到好处的谈吐往往能增添自己的魅力，使我们更快获得对方的好感。然而，要想做到进退得当，我们还需要注意以下几个细节。

一是话不要说得太满，否则一旦无法兑现，我们便会失信于人。

二是玩笑不宜开过头，而应该根据现场的氛围，开合适的玩笑。

三是不揭他人的伤疤，别人心里的秘密，若我们硬要揭开，无异于结仇。

【事典】攻心计之刘累巧言令色终逃亡

夏朝第十四代君主孔甲喜好神鬼之说。有一次，孔甲与臣子们在大河边游玩，河里有两条庞大的怪鱼爬上了岸，孔甲被吓了一跳。一位臣子见状，上前献媚道："大王莫怕，这可是吉兆啊。您看，这一雌一雄两条神龙，就是上天派下来辅佐您管理江山的。"

孔甲听后半信半疑，臣子赶忙解释："大王，您知道这龙可是既能飞又能游的。由于它们觉得您比它们尊贵，所以在您的面前，它们不敢腾飞，只能在水里游。"孔甲听到这番话后非常高兴，于是命人将"龙"带回宫中辅佐自己，并将它们视作镇国之宝。为了显示自己的尊贵，孔甲重金寻找驯养龙的能者，但始终无人前来，因为没人见过龙，更别说要养龙了，一旦出现差错，那就性命不保了。为此，孔甲寝食难安，直到一位大臣告诉他，刘累（公元前1898年—前1788年）曾跟豢龙氏学过"养龙术"，孔甲便召见了刘累。

刘累到宫中一看，便知道那两条怪鱼其实是鳄鱼，但孔甲却深信这是两条神龙。刘累见状，不仅没有直言相告，还答应为他养"龙"。孔甲听后非常高兴，重重赏赐了刘累。为了养"龙"，刘累对孔甲说："大王，龙是神，不能怠慢，应该修建一座豪华的大水池，里面注满清水。而且，每天都要朝拜神龙，这样神龙才能保您江山万代。"孔甲本来就迷信，这下更是深信不疑，于是立即命人修建一座豪华的大水池，其规模之大、奢华程度在历史上都极为罕见。

就这样，刘累通过养"龙"这件事，用花言巧语从孔甲那里骗取了很多好处，因此一时声名鹊起。这天，孔甲突然心血来潮，要求刘累驯服那两条"龙"为自己驾车。孔甲这个大胆的想法把刘累吓出了一身冷汗。以往说话毫无顾忌的刘累，这次也不敢直接答应，只好先敷衍孔甲，再回去想办法。更倒霉的是，当他回到水池边时，那条雌鳄鱼竟然死了！

为了保住自己和家人的性命，刘累心生一计。次日一早，他便去拜见孔甲，说若想让神龙驾车，乘坐的人身体必须强壮，否则会折寿。为此，他会每天送一盘东海的鱼肉来，待大王连吃数日后，就能乘坐龙车了。另外，神龙练习驾车时，不能有人观看，否则神龙会发怒，不但大王无法乘龙车，还会不利于江山社稷。孔甲听后大喜，又赏赐了刘累一笔财宝。

随后，刘累连续三天都给孔甲献上鳄鱼肉，但到了第四天却不见了踪影。孔甲因为怕打扰他驯龙，忍了好几天才派人去询问，结果得知刘累早已逃往他乡。

【评注】

孔甲在位期间夏朝国势渐衰，也正是因为他的昏庸，才给了像刘累这种巧言令色的人机会，这就是该故事的背景。在故事刚开始时，我们不难看出，孔甲是个喜欢听信谗言的君王，因此，刘累在与孔甲的第一次见面时便毫无顾忌地花言巧语。随后，为了获得更多的利益，他还忽悠孔甲修建了一座豪华的"龙宫"。最后，为了保住自己和家人的性命，他更是凭借自己的巧言令色，将孔甲视为镇国之宝的"龙"做成了菜献给对方享用。当谎言要被揭穿时，他也尝到了口无遮拦的恶果，落得一个逃亡他乡的下场。

试想一下，倘若刘累能够在一开始便言辞有度地拒绝孔甲"养龙"的要求，结果是否会截然不同呢？答案是肯定的，因为"养龙"这件事本身就是无稽之谈。只要刘累能进退有度地回绝，就可以避开灾祸，安稳地度过后半生。可见，这条"言辞有度"的攻心法则，不仅是人际交往中的金玉良言，也关乎我们能否安身立命。

11. 话语简约：辞不贵多，取达意而止

【简译】

话不用多说，只要能表达清楚意思就行。

【引申评论】

《论语》中说："辞达而已矣。"意思是说话要简洁明了。这条原则揭示了沟通的精髓，它既是我们与他人沟通的桥梁，也是我们沟通成功的催化剂。

在现实生活中，能说会道的确是一种能力，但如果话太多、太密，反而会引起他人心理上的不适。常言道"祸从口出"，在与他人交往时，如果我们一直滔滔不绝地讲述，总是绞尽脑汁地炫耀自己，虽然可以展现自己的风采，却也剥夺了对方展示自我的机会，掩盖了他人的光芒。对于这样的人，我们扪心自问，是否还愿意与其交往？答案多半是否定的，因为没有人甘愿只做陪衬！对此，《鬼谷子》中也有类似的表述："言多必有数短之处。"意思是话说得太多，难免就会出现一些失误。所以，在与他人沟通的过程中，我们应当学会言简意赅的表达方式，无须赘述，只要能清楚地表达出自己的意思就行。

很多时候，我们之所以能够建立新的友谊，并不是因为对方欣赏我们

雄辩的口才，而是因为我们的话触动了他们的心，使他们感到自己的行为被关注、想法被理解、需求被满足。反之，如果我们在与人交谈时一味喋喋不休，却并无真情实感，对方势必因为耐心耗尽而产生反感，同时，我们的这种行为也是在浪费对方的时间。正如《论语》中所说："时然后言，人不厌其言。"话不在多，而在于适时适度地表达，这样才能不惹人厌烦。可见，在与他人沟通的过程中，并不是我们说得越多就越好，只需简明扼要地表达清楚意思，对方便会给予积极的回应，否则，我们说得多便错得多。

生活中，与其绕弯子不说重点，不如直截了当地表达自己的需求，这往往更容易达到目的。比如，面对父母的催婚，可以直接告诉他们，现在是自己职业发展的关键时期，错过这次机会可能会被淘汰，相信他们会理解。面对恋人的责备，不妨坦诚地告诉对方原因，以免对方胡思乱想，影响彼此之间的感情。类似的例子比比皆是，它们都证明了说话简明扼要的好处。那么，我们如何做到话语简约，避免言多必失呢？可从以下几个方面入手。

一是表意精准。开口前厘清思路，剔除无关内容，确保话语围绕关键信息展开。

二是克制表达欲。抑制过度分享冲动，给对方表达的空间。

三是关注反馈。留意对方的表情、反应，若对方显得不耐烦，则要及时调整话语节奏与内容。

【事典】攻心计之宋濂寡言少语获赞赏

宋濂（1310年—1381年）性格沉稳，从不多言。不仅如此，他还在自家墙壁上题写了"温树"（此典故源自孔光不言皇宫温室所种之树的故事)二字。如果来访的客人问起宫廷中的事情,他便指着墙上的字让他们看,避而不答。

有一次,宋濂在家陪客人饮酒,明太祖派人暗中探察。次日,明太祖当面询问宋濂:"昨天喝酒没有?请了谁来做客?都吃了些什么饭菜?"宋濂如实回答了。太祖听后,满意地说:"果然是这样,爱卿没有欺骗我。"此事奠定了明太祖对宋濂的信任基础。此后,明太祖时常召见宋濂,询问群臣的优劣。然而,宋濂只提及那些优秀的大臣,并且解释道:"优秀的大臣与我往来密切,我有所了解;不优秀的大臣,我没有接触过,所以不是很了解。"

还有一次,刑部主事茹太素上奏了一份"万言书",洋洋洒洒地陈述国家目前的形势,并指出了其中的弊端。这一举动激怒了明太祖。明太祖询问大臣们的意见。不少大臣忌妒茹太素一直受明太祖器重,于是便趁机落井下石地批评"万言书",说:"这是不尊敬朝廷,是诽谤,简直无法无天。"

当明太祖询问宋濂时,宋濂回答道:"他只是忠于皇上而已。皇上正想广开言路,怎能苛求问罪呢?"这番话让太祖恢复理智,冷静下来。随后,他仔细阅读了茹太素的"万言书",发现其中有不少意见值得采纳。于是,明太祖召集了朝中所有大臣,对那些见风使舵、唯恐天下不乱的人进行质问和责备。最后,他对宋濂说:"如果没有你的提醒,我可能会错误打压敢于讲真话的人。"

从此以后,明太祖更加器重宋濂。每次在非正式场合见面时,太祖总会命人为他设座、奉茶。每天早晨必定让他陪同进膳,并反复咨询、商讨国事,常常到晚上才结束。

太祖曾表扬宋濂说:"我听说最卓越的是圣人,其次是贤人,再次是君子。宋濂侍奉我十九年，他虽然话不多，却从未说过一句假话，从未嘲笑过任何人的短处，始终如一。他不仅堪称君子，而且可以说是贤人了。"

【评注】

作为明朝的开国文臣之首，宋濂无疑是才华横溢的，但令明太祖对他赞不绝口的，是他"辞不贵多，取达意而止"的说话方式。从故事开头的"温树"二字，便可以看出宋濂是刻意地寡言少语。随后，面对明太祖的第一次询问，他如实回答；而在明太祖第二次询问时，他在回答后，为了表达清楚自己的意思，还细心地做了解释；到了第三次询问时，他也是言简意赅地用几句话回答。宋濂正是通过这三次对话，在明太祖心中留下了"始终如一"的印象。

宋濂真正的聪明之处在于精准把握了明太祖的心思。作为一名位高权重的文臣，他非常清楚什么时候该说话，什么时候不该说话，以及哪些话能说，哪些话不能说。正是他的这种"知情识趣"，让他赢得了明太祖的信任。由此可见，宋濂是一个善于攻心的沟通高手，他凭借三次问答，就使明太祖对他从信任到器重再到赞赏。从宋濂的成功中，我们不难看出，在与人沟通时，这种攻心法则不仅实用，而且是一种重要的技巧。

第二章 修饰言辞：说话有道，突破心防

12. 善于修辞：言之无文，行而不远

【简译】

说话没有文采，就无法广泛地传播。

【引申评论】

《左传·襄公二十五年》中说"言之无文，行而不远"，这句话意在强调修饰语言的重要性。这里所说的修饰不仅仅指文采，还包含了沟通的艺术。

所谓修饰，是指运用语言的魅力，使对方产生认同感和紧迫感，从而不自觉地倾向于我们的观点。在人际交往过程中，我们都会不可避免地遇到"谈判"情境。此时，即使我们费尽口舌，对方往往还是会摇摆不定，迟迟不愿下定决心。面对这种情况，与其耗费精力与对方激烈争辩，不如修饰一下自己的语言，给对方一颗"定心丸"，促使其做出决定。其实很多时候，只要我们能够恰当地用语言引导对方，就能令其顺着我们的思路去思考问题，从而牢牢掌控住交谈的主导权。显然，这就需要修饰自己的语言。

具体而言，我们可以采用适度夸张的方式来修饰语言。在现实生活中，许多人倾向于实话实说，这固然能体现诚意，但在某些特殊场合，实

话实说未必是高明的沟通技巧。在这种情况下，运用夸张的修辞手法来表述，即适当夸大其中的利害关系，往往比条理清晰地解释更容易产生震慑效果。因为当对方面对强烈的压迫感时，通常会感到措手不及，进而被我们引导。特别是在谈判桌上，无论是夸大自身的实力，还是夸大自身的优势，都能给对方造成心理上的压力，使其难以应对。因此，善于利用夸大的沟通手段，可以逼迫或诱导对方展露其真实意图，使其感到信任我们才是最佳选择，最终顺从我们的意愿。

生活中，如果我们能灵活运用夸张的修饰手法来交流，在谈判中往往能无往不利。例如，在面对竞争对手时，我们可以抓住对方的细微漏洞，将小事渲染成大事，使对方不得不做出让步；对于即将成交的客户，我们可以从对方感兴趣的方面入手，夸大相关优势，从心理上增加促使客户成交的砝码，进而推动业务进展。的确，运用夸张的手法能增加我们获胜的概率，但前提是我们要懂得灵活运用。那么，如何才能做到这一点呢？不妨从以下几个方面入手。

一是要抓住对方的弱点来夸大，让对方产生恐惧心理，迫使其屈服。

二是要从对方感兴趣的事物入手，在缓解对方抗拒心理的基础上进行说服。

三是要适度放大微小的细节，找到对方最关心的要点，诱导其做出决定。

【事典】攻心计之郦食其威逼利诱说服齐王

楚汉之争时，为了获得齐国的帮助，汉王刘邦派郦食其（？—前203年）前往游说。郦食其来到齐国后，立即去拜见齐王田广。然而，见面之初，他并未向齐王行跪拜之礼。齐王生气地质问他："你来我国游说，竟敢不对我行礼,是欺负我们无人吗?"

郦食其回答:"我今天不是来游说的,而是来拯救齐国的。汉王率领百万大军虎视眈眈,韩信也带兵驻扎在赵国,随时都有可能进攻。我今天一是想救齐国的百姓,二是要保大王的周全。我肩负这样的使命而来,还需要向大王您行跪拜之礼吗?"

齐王回答:"我堂堂齐国,国富民强,内有文臣治世,外有武将安边,哪里会有危险?"

郦食其说道:"大王何必自欺呢?论武力,您比得过西楚霸王吗?现在,大王想用齐国去对抗如日中天的汉王,您觉得有胜算吗?"齐王听后沉默了很久,发现自己竟无言以对。

郦食其继续说:"大王不必犹豫了,要想知道齐国是否安稳,关键在于人心。大王知道人心的归向吗?"

齐王如实回答:"我不知道。"

郦食其说:"楚霸王和汉王之前约定一起攻打秦朝,谁先拿下咸阳谁就称王。结果汉王先攻入了咸阳,楚霸王却霸占了关中,让汉王去汉中称王。汉王攻下城池后,立即论功行赏;缴获的金银珠宝,立刻分给将士们,所以很多人愿意为他效力。而楚霸王却只记过不记功,打赢了仗也没有赏赐,不是亲戚就不重用……致使人心背离,不少人离他而去。由此可见,未来的天下肯定会归汉王,而不会是楚霸王的。现在汉王已占据敖仓的粮食,守住了白马渡口,堵塞了太行要道,扼守住了蜚狐关口,谁最后投降就会被灭掉。您若是能及时地投降汉王,那么齐国还能保得住;倘若您拒不投降,危险可能会立刻到来。"

齐王听完,觉得很有道理,于是起身向郦食其拜谢,说道:"先生前来这里确实是为了帮助寡人,还请原谅我刚才言语上的冒犯。不知该如何去做呢?"

郦食其见时机已到,便说:"大王最好先派人去荥阳递交降表,我就在这里等着,到时候和大王一起迎接汉王的到来。"

就这样,郦食其凭借出众的口才,不仅说服了齐王,还让齐王对他心怀感激。

【评注】

很显然,郦食其的游说不仅精彩,还充满了沟通的艺术。在故事的开端,郦食其便已做好了准备。他故意不向齐王行跪拜礼,就是等着齐王来兴师问罪,以便展开自己的说辞。果然,在齐王中计后,善于攻心的郦食其先是向齐王投掷了一颗"危机"炸弹,以引起对方的恐慌;然后努力打压齐王的自信心,使他认清自己实力不足的现实;最后夸大汉王的人心所向,从而诱导齐王主动递交降书。通过这一系列的攻心之举,让齐王最终败下阵来,选择成为汉王的盟友。就这样,郦食其不费一兵一卒,轻松避免了汉王与齐国的战争。

郦食其的攻心术无疑是成功的。他在与齐王的沟通中,充分利用了语言的魅力,先是夸大其词进行威逼,然后循序渐进地进行利诱,一步步将对方引入自己的语言陷阱。在他这一系列的操作下,齐王从傲慢自大变得谦逊有礼,甚至心存感激,视他为自己的救星。而这一系列的改变,恰恰证实了这条攻心法则的高明之处。

第二章 修饰言辞：说话有道，突破心防

13. 拒绝强辩：御人以口给，屡憎于人

【简译】

当我们伶牙俐齿地与人争辩时，往往会引发对方的憎恶。

【引申评论】

《论语》中说："御人以口给，屡憎于人。"意思是不要争强好胜地与人争辩，否则会令对方嫌恶。这条攻心法则既是一种语言的艺术，又是促进交际和谐的方法。

我们相信，谁也不敢小瞧语言的力量。语言可能如春风，让人感到温暖；也可能如锋利的钢刀，刺伤他人的心。在与人沟通的过程中，难免会遇到观点不同或想法不一致的人。如果此时我们一味地与他人争辩，话语就会变成"钢刀"刺伤对方，这不仅不能给自己带来裨益，还可能因为言语上的冲突而引发矛盾，从而导致沟通的失败。对此，《论语》中还说："言未及之而言，谓之躁。"意思是浮躁的人总喜欢争抢着说话。古往今来，无数圣贤都在告诫我们，强行争辩毫无意义，说服需要技巧，否则便是在做无用功。因此，与其将时间和精力用在争论上，不如做个"看破不说破"的聪明人，有效地达成目标。

不可否认，善辩是一种有益的能力，能够帮助我们打开人际交往的大

门，但强辩却可能让他人对我们关闭"心门"。事实证明，与人争辩往往弊大于利。除了消耗彼此间的情谊外，还会给他人留下争强好胜的不良印象。警世古诗《舌》中说："口是祸之门，舌是斩身刀。闭口深藏舌，安身处处牢。"可见，许多时候祸从口出。要明白，与人争辩即便获胜，也不过是暂时满足自己的虚荣心，却可能换来对方长期的埋怨和憎恶。若对方心胸开阔也就罢了，一旦遇到心胸狭窄的人，势必伺机报复，给自己制造不必要的麻烦，真可谓得不偿失。因此，千万不要强辩，请将良好的口才用于适当的场合。

现实生活中，因争论而产生的矛盾屡见不鲜，殊不知，这很容易暴露自己的弱点，使其成为他人攻击的目标。例如，当与他人观点不同时，对方可能从我们辩论的话语中了解我们的真实想法，从而引导我们跟随他们的思路；当对某些事有异议时，对方也可以从我们激烈的反对中，了解到我们不同意的理由，从而逐一破解其中的关键之处。那么，如何才能避免这类情况的发生呢？我们不妨从以下几个方面入手。

一是要有开阔的胸襟。只要不是原则性的问题，大可以"睁一只眼闭一只眼"。

二是要换个角度看问题。不要一味钻牛角尖，多寻找不同中的共同点。

三是要改掉争强好胜的性格。这需要我们提高自身修养，以弥补性格上的缺陷。

【事典】攻心计之工厂老板巧妙化解危机

有一家工厂在运营中出现问题导致资金链断裂，已经好几个月没有发放工资。工人们怨声载道，甚至有些脾气暴躁的工人开始破坏机器和厂房。

在这种剑拔弩张的局势下，工厂的老板不得不出面安抚员工，以免酿成更大的祸事。

当各方人士都已到齐后,工厂老板开始了他的演讲:"在会议开始之前,我非常感谢大家今天的到来,也很感激能有这个机会与大家一起商讨工厂的未来。也许很多人对我还不熟悉,所以我先自我介绍一下,我是这家工厂的老板。再次感谢大家辛勤的付出,使这家工厂从一个无人问津的小作坊发展成为如今行业中的巨头。"

这一段充满了感激的开场白,让大多数工人平复了情绪,等待着老板接下来的话。然而,还是有几个不满的员工打破了这份平静。他们一个接一个地开始询问:"别光说好听的话,却不做实事。我们不想过问其他,只想知道工资什么时候发,能发多少,又能发多久?"

面对这群义愤填膺的工人,工厂老板并没有急于与他们争辩,而是开诚布公地说道:"拖欠你们的工资,的确是我们的错误,我代表工厂在这里向你们道歉。但你们也知道,工厂目前遇到了一些困难,无法立刻付清所有工资。不过,会议结束后,我会将这家工厂作为抵押去银行贷款,先给你们发放三个月的工资。我保证再过两个月,你们的工资便能全部结清。所以,请大家多一点耐心,也对工厂多一些信任,可以吗?"

此时,又有人站出来反对道:"你说得好听,但空口无凭,让我们怎么相信你!"

听完这番话,工厂老板依然没有反驳对方,只是继续说道:"我理解大家的担心和顾虑,但现在我已经拿出了最大的诚意,只能恳请大家相信我、相信这家工厂。如果有人不愿意给予这份信任,我也不会勉强。过几天,他可以去财务部领取所欠工钱,离开工厂。"

随后,工厂老板向大家提供了充分的事实,证明他正在努力解除危机,并友善地劝说工人们回去工作。就这样,一场暴动消弭于无形,工厂又恢复了往日的安宁。

【评注】

　　毫无疑问，工厂老板的演讲是成功的。他不仅力挽狂澜，保住了自己的工厂，也拯救了那些面临失业的工人。从这个故事中，我们不难看出工厂老板的口才极佳。然而，在面对工人的质疑和反驳时，他并没有选择与他们争辩，更没有用严密的逻辑去论证对方的错误，而是开诚布公地与他们摆事实、讲道理，这才有效化解了工厂与工人之间的矛盾。我们不妨设想一下，倘若工厂老板一味为自己辩解，为工厂发不出工资找借口，势必引起工人的不满和反感，从而导致更激烈的对抗。那么，这家工厂恐怕也就离倒闭不远了。

　　由此可见，工厂老板精通沟通的艺术。他深知强词夺理只会令情况更加糟糕，因此，善于洞察人心的他选择了以理服人，最终取得了成功。而工人们从愤怒到平静再到释然，这一系列的变化，正体现出这条攻心法则的力量和魅力。它能够让我们在交际中立于不败之地。

14. 减少抱怨：不怨天，不尤人

【简译】

不埋怨上天的不公，不将自己的过错归咎于别人。

【引申评论】

《论语·宪问》中说"不怨天，不尤人"，意思是当遇到困难或挫折时，不要满腹抱怨和牢骚。这条法则既是促进交际的先决条件，也是我们必须具备的内在修养。

生活中，当我们面对自己的利益受到损害时，常常会愤愤不平地觉得，似乎只有自己受了委屈和伤害。于是，我们开始抱怨命运的不公，哀叹自己的无助。然而，抱怨过后，不仅问题得不到解决，反而还会招来更大的麻烦。对此，不妨像古语所说的那样："记人之功，忘人之过。"不要总将目光放在那些不好的事情上。要知道，抱怨是人际交往的大忌。在与他人交往的过程中，我们难免会遇到困难或挫折，这时，我们极易沉浸于怨恨情绪中无法自拔，以致经常对他人喋喋不休，从而消磨了他人对自己的好感。其实，与其浪费时间去发牢骚，不如学会珍惜当下，享受人生的每一个精彩瞬间。

此外，不怨天尤人也是我们应当具备的内在修养，而所谓修养是指养成正确的处世态度。其实我们都知道，抱怨根本改变不了什么，现实的困难更不会因为几句牢骚而得到解决，唯有积极乐观地去面对生活，我们才能拥有更多的幸福。人生苦短，与其浪费时间去抱怨生活中的种种，不如努力改变自己的现状。如果实在无法改变，我们还可以试着换一个态度来对待它。上天在给我们关闭一扇门的时候，肯定也会给我们打开一扇窗。只要我们用微笑去对待生活，生活也必然会对我们微笑。因此，在面对虚名小利时，我们需要保持良好的心态和淡泊的处世态度，这样我们才能感受到生活的快乐和美好。

实际上，因抱怨而毁掉自己的案例不胜枚举。唯有减少内心的这些负面情绪，才能以最积极的姿态与他人交往。例如，在工作遭遇挫折时，我们可能会埋怨同事、不满上司、憎恶公司，进而消极怠工，彻底丧失事业心；面对失败的婚姻，我们可能会自怨自艾，沉浸在失去对方的痛苦中无法自拔，最终将自己变成孤家寡人。那么，如何才能避免出现这种情况呢？对此，我们可以尝试从以下几个方面入手。

一是要转移注意力。当自己忍不住想抱怨时，可以去做一些感兴趣的事情。

二是要大胆尝试新事物。如果心情不佳，不妨试试那些自己想做又不敢做的事。

三是要给自己积极的暗示。面对负面情绪的入侵，可以给自己一些积极的心理暗示。

【事典】攻心计之贺若弼重蹈"父"辙

贺若敦是北周的一员大将，他立下大功后，因对朝廷的赏赐不满而心怀怨恨，于是抱怨皇帝处事不公，结果被权臣逼得自杀。临死时，他

第二章 修饰言辞：说话有道，突破心防

叫来儿子贺若弼（544年—607年）说："我因口舌而死，你一定要引以为戒！"说着，他还用锥子将贺若弼的舌头扎出血来，以此告诫他千万不要抱怨。

起初，贺若弼还能记住父亲的叮嘱，经常以"君不密则失臣，臣不密则失身"来提醒自己，遇事尽量不发表意见。但随着他功劳逐渐增大，地位也随之提升，他便将父亲的告诫抛诸脑后。

有一次，隋文帝准备派兵平定江南，战争还没有开始，贺若弼便因为不受重用而开始抱怨。战后他对别人说："江南倒是不难打下来，就是不知道将来会不会出现'飞鸟尽，良弓藏'这样的事？"这句话明显是不信任皇帝，隋文帝得知此事后，气得火冒三丈，但一想到贺若弼的赫赫战功，便没有深究。谁知，这反而助长了他的怨气。

他和父亲一样，因为对朝廷的封官不满而不断发牢骚，结果被罢黜了官职。此事之后，他不仅没有接受教训，反而怨言更多，最终被逮捕入狱。气愤的隋文帝斥责贺若弼道："我任命高颎、杨素为宰相，你在下面散布流言，说这两个人是饭桶，这是对我不满吗？"见隋文帝大怒，有人便奏请将贺若弼处死，但隋文帝念他屡次立功，便免了他的死罪，并一针见血地指出了他爱抱怨的缺点，勒令他改正。一年多以后，贺若弼哄得隋文帝开心，又恢复了他的爵位，只是从此以后，再也没有重用过他。

这一年，贺若弼跟随隋炀帝杨广一起巡游北方。他们在榆林停留时，隋炀帝搭建了一个可容纳千人的大帐篷，用来招待少数民族的首领。按理说，这与贺若弼毫无关系，但他因心生不满，私下里评头论足，说皇帝太过奢侈。他的言论被人告发，隋炀帝大为震怒，完全不顾他的功劳，下令将他处死。就这样，贺若弼重蹈了父亲的覆辙。

【评注】

　　相信了解历史的人都知道，贺若弼是隋朝的名将，他无疑是有才华的，但因抱怨毁掉了一生。故事开篇就已经阐述了抱怨的危害：贺若弼的父亲因胡乱发牢骚，不仅葬送了自己幸福的人生，更落得一个被逼自杀的结局。因此，父亲用极端的手段告诫他不能抱怨。父亲刚去世不久时，他还能牢记这一点，但随着官位的不断提升，他却将父亲的告诫抛诸脑后，结果一次又一次得罪隋文帝。然而，隋文帝念及他的功劳，给了他多次改过自新的机会，但他并没有珍惜，依然我行我素。直到杨广登基为帝，贺若弼仍未改掉抱怨的坏毛病，最终落得个人头落地的悲惨结局。

　　实际上，贺若弼如果能管住自己的嘴巴，没准儿还能光宗耀祖地过完这一生，毕竟他领兵打仗的能力还是有目共睹的。只可惜，贺若弼最终没能停止抱怨，而他这跌宕起伏的一生，也为我们验证了这条攻心法则的重要性。

15. 言语谨慎：涉世以慎言为先

【简译】

只有说话谨慎的人，方能步履从容，行稳致远。

【引申评论】

《格言联璧》中说："涉世以慎言为先。"意思是为人处世说话要谨慎。这条处世法则既是一种沟通技巧，也是一种生活态度。

生活中，虽然人人都能说话，却并不是每个人都"会说话"。相信不少人都因说错话而得罪过别人，为什么呢？因为人总有冲动的时候，每每此时，便会说一些未经深思熟虑的话，戳到了对方的"痛处"。可见，说话谨慎是非常必要的，尤其是在当今社会，互联网的普及，使得我们说话更应当小心谨慎，否则我们得罪的就不是某个人，而是一类人了。对此，正如《论语·子张》中所说："君子一言以为知，一言以为不知，言不可不慎也。"意思是君子说出来的话，如果说得好，别人会觉得你很有智慧，若说得不好，对方就会认为你太愚蠢。所以，说话一定要小心谨慎。瞧，古代圣贤也在直白地告诫我们，"言不可不慎也"。

实际上，说话要谨慎不仅仅在于避免得罪他人，还因为它代表着一种对生活的态度。

很多时候,一个人的谈吐往往也彰显了他为人处世的态度。持有谨慎态度的人,会从各个角度去思考语言的整体性和细节性。他不仅会仔细考虑自己的利益得失,还会考虑某些话会造成什么样的后果。对于从他嘴里说出的每句话,甚至是每一个字,他都会反复推敲,以求接近完美,因为他的学识和修养都体现在这些语言中。我们要明白,在与人交往的过程中,虽然有些话不得不说,但有些话却不能说。一旦我们说了不该说的话,轻则关系破裂,从此变成陌路人,严重的可能会反目成仇,对方今后会处处与我们作对。因此,在与人交谈时,我们一定要学会谨言慎行,不要想到什么就说什么,而应当三思而后"言"。

在交际中,慎言不仅可以增加他人对我们的好感度,还能帮助我们避开不必要的冲突。例如,当上司询问我们对公司的看法时,通过一番条理分明且严谨的分析,往往能够获得对方的肯定和赞赏;当某位同事心情不好找碴儿时,谨慎的话语可以让对方无从挑剔,最终偃旗息鼓或转移目标。然而,过于谨慎的言辞也不利于交际。对此,我们只需记住以下几点即可。

一是不要说气话。生气时说的话往往最伤人,所以一定要控制情绪,适时闭嘴。

二是不要说闲话。别人的事情与我们无关,所以既不要说,也别去打听。

三是不要说狂妄的话。无论任何时候,都应当保持谦虚的心态。

【事典】攻心计之周亚夫言辞不当遭贬斥

周勃是汉朝的开国功臣,他去世后,儿子周亚夫继承了他的爵位。作为将门之后,周亚夫征战沙场,颇受汉景帝重用,甚至位居丞相,掌握国家大权。然而，不懂得言语谨慎的他却一再触犯皇帝的威严，以致最终落得个惨淡收场的结局。

这一年，汉景帝因不满长子刘荣的懦弱，想要废除他的太子之位。由于太子的废立事关重大，朝中大臣们都不敢轻易谏言。唯有周亚夫直言不讳，极力向皇帝抗争，丝毫不顾及帝王的威严，这令汉景帝非常不悦，并因此开始渐渐疏远他。

这天，窦太后提议封皇后的哥哥王信为侯。汉景帝说："太后的侄儿与弟弟都未被先帝封侯，是我即位才赐封了他们，现在又要封王信为侯，恐怕会引来大臣们的非议。"对此，窦太后继续劝说："一朝天子一朝臣，没必要死守着祖宗的礼法。我兄在世之时，没有得到封侯，他死后，儿子才获得了封爵，这事让我十分懊悔。所以，快给王信封侯吧！"

汉景帝听后表示要与丞相商议。岂料，面对汉景帝与窦太后的提议，周亚夫却说："高祖规定：不是刘姓不能封王，没有立功的人不能封侯。不遵守这条规定的人，将会遭到天下人的共同攻击。王信虽乃皇后之兄，却未立寸功，如果现在封他为侯，就是背信弃约之举。"这番话令汉景帝沉默不语，最终只能放弃。

后来，匈奴的内部出现矛盾，有几人带着部下一起来投靠汉景帝。对此，汉景帝想给他们一些封赏，以鼓励其他的匈奴人继续投降。这时，周亚夫却提出反对意见，说道："他们虽然投降了您，但也背叛了自己的君王，如果您现在为他们封侯赐爵，那今后您又用什么去责备那些不忠的臣子们呢？"这番话引起了汉景帝的极度不满，于是立即驳回了他的建议，当下便给那几人封侯。眼见汉景帝发怒，周亚夫立刻称病辞职。

随后，汉景帝便以生病为由，罢免了周亚夫的丞相之位。

【评注】

　　周亚夫乃历史上著名的军事家，军事才华卓越的他，原本可以高官厚禄地过完一生，却毁在了言语不够谨慎上。他像大多数将领一样，凡事都喜欢直言不讳。其实，汉景帝给过他改正的机会，但都被他无视：在汉景帝想废太子时，他极力反对，汉景帝只是疏远他；在汉景帝要给王信封侯时，他拿出了祖宗礼法咄咄逼人，汉景帝虽有不满却最终放弃；在汉景帝想封赏匈奴人时，他不懂变通地固执己见，以致汉景帝大怒，罢免了他的丞相之位。

　　众所周知，帝王的威严不容侵犯，周亚夫却一再用言语去挑战，其结局只能是惨淡收场。试想一下，如果他能在汉景帝开始疏远时便自省，进而改掉说话不谨慎的坏习惯，那么他的人生或许会无比绚烂。可见，在人际交往的过程中，语言的破坏力是超出想象的。这便是该条攻心法则存在的意义了，它为善于攻心的人，提供了一条通往成功的途径。

第三章

潜移默化：心战如棋，步步为营

所谓"温水煮青蛙",心理博弈往往并不是一招制胜。很多时候,它就如同一盘经典的棋局,需要经过时间的沉淀才能够破局。对此,我们要做的便是步步为营,在潜移默化之中,日复一日地蚕食对方的棋子。要知道,人际交往从来都不是一蹴而就的。要想让自己在交际中如鱼得水,我们必须学会利用时间的力量,在不经意间一步一步地卸下他人的防备,使对方乐于接受我们的亲近与陪伴,从而建立一座彼此信任的桥梁。

16. 道德先行：以德服人，心悦诚服

【简译】

用道德去让人归服，对方便会心悦诚服。

【引申评论】

《孟子·公孙丑上》中说："以德服人者，中心悦而诚服也。"这条攻心法则通俗易懂，不仅在人际交往中占据着重要地位，还是我们为人处世的内在标准。

人是一种有感情的高级生物，很多时候，我们感性的一面常常会压倒理性，这既是我们的优点，也是我们的弱点。在与人交往时，那些将身边的人视如至亲的感性者，总能吸引更多人亲近他们，为什么呢？因为他们能散发出一种磁场，让人不由自主地想要靠近！这正如《孟子·公孙丑下》中所说："得道者多助，失道者寡助。"虽然这句话谈的是治国之道，但扩展到人际交往上同样贴切。在与他人交往时，倘若我们能包容对方的缺点、宽恕对方的错误，他们又怎么舍得失去我们这个朋友？可见，只要我们做个有德行的人，懂得宽容和接纳，就必定能赢得更多人心，获得更多人的支持和帮助。

有些人认为，在这个讲究实效的社会中，如果在人际交往中践行仁

德，只会让自己吃亏。然而，这是一种短视。真正有眼光、懂得做事的人，始终会将温良谦恭、诚实守信等美德，作为自己的处世准则。对此，《周易》中也有类似的阐述："地势坤，君子以厚德载物。"君子应当像大地那样增厚美德，容载万物。因此，我们应当摒弃那些思想上的糟粕，确立自己为人处世的内在标准——以德立身，以德服人！

古往今来，因仁德而获得成功的人比比皆是。我们只有以此作为自己的行事准则，才能赢得更多人的青睐。例如，在朋友最困难的时候，我们给予力所能及的帮助，那么，当对方走出低谷时，便会成为我们最坚定的支持者；对于下属所犯的过错，我们若能承担责任，那么，在事情结束后，对方势必心甘情愿地追随。可是，如何才能成为一个有德行的人呢？我们不妨从以下几个方面入手。

一是要以礼待人。待人接物要谦逊有礼，行为举止也应大方得体。

二是要助人为乐。保持一颗善良之心，给予他人一些力所能及的帮助。

三是要包容他人。对于他人的无心之失，我们要学会宽容和原谅。

【事典】攻心计之庄王拔帽缨收服猛将

春秋时期，楚庄王（？—前591年）打了一次胜仗，在宫中举行盛大宴会，招待文武百官。

天黑时分，正当大家喝得高兴时，忽然刮进一阵大风，蜡烛都被吹灭了，顿时，宫里漆黑一片。在慌乱之中，庄王最宠爱的妃子忽然觉得有人在她身上乱摸。经过一番挣扎，她拔下了那人头上的帽缨，然后气急败坏地跑到庄王面前说："大王，有人想趁黑非礼我。我已经拔下了他的帽缨，等灯再亮的时候，看谁的帽上没有缨，请把他抓起来。"

此时，被拔下帽缨的那位官员心想：这下可完了，她在大王面前这

第三章 潜移默化：心战如棋，步步为营

么一告状，我还不被大王处死？他越想越害怕，两条腿都开始发抖了。

而其他一些官员，在听到王妃向庄王告状后，心想：那个对王妃无礼的人肯定要被满门抄斩，这可是大罪。大家都在等着看好戏，看庄王如何处置那位官员。

令人意想不到的是，庄王却说道："今天我请众位爱卿喝酒，酒醉后有所失礼，也不能责怪他们。我怎么能为此杀掉我的部下呢？"

说罢，他便举杯喊道："今天寡人请各位爱卿喝酒，是为了庆祝我们打了一场大胜仗。今天各位爱卿一定要尽兴而归，大家都要把帽缨拔掉，不拔掉帽缨就是不敬。"

于是，各位官员都摘掉了自己的帽缨，随后点燃灯火。这一夜，大家尽兴而散。

三年以后，晋国与楚国交战，庄王率军迎战，发现有一位军官总是奋不顾身地冲锋在前。在那位军官的带领下，士兵们个个勇猛冲杀，将晋军打得节节败退。庄王感到很奇怪，于是将那位军官召到马前，问道："我平日对你并无特别优待，你为何如此舍生忘死呢？"

军官回答："三年前，臣下酒醉失礼，大王宽容而不加罪，我一直想用自己的生命来报答大王的恩典，即使肝脑涂地，也在所不惜。"

庄王却还是想不起来那件事，便问道："究竟是何事呢？"

军官回答："臣下就是被王妃拔去帽缨的人。"

说罢，他又冲进阵中，奋力拼杀，终于大败晋军。这场战争的胜利，使楚庄王成为春秋五霸之一。

【评注】

　　毫无疑问，庄王是一位具有仁德之心的君主。面对属下大胆调戏自己爱妃的行为，他并没有立刻问罪，而是宽宏大量地认为，对方由于饮酒过量，才会做出如此不理智的举动。不仅如此，他还将责任揽到自己身上，并以爱护部下的名义，让所有人都摘掉了头上的帽缨。这个举动不仅让犯错的人心怀感激，也令那些没有过错的官员们心生感动，可谓一举两得。反过来想一想，倘若庄王执意要点灯，把犯错的人找出来并加以重罚，那么，庄王非但不能令犯错的人心悦诚服，还会使其他官员心生恐惧，进而离心离德。

　　由此可见，善于攻心的庄王早已领悟这条法则的精髓。因此，他既没有将王权视为至高无上，不容他人侵犯，也没有因为爱妃而重罚犯错之人。相反，他怀着宽仁之心，慷慨地给予他人一次改正错误的机会。正因为如此，他才赢得了一位心悦诚服的猛将。这正是该法则的伟大之处，它不仅是人与人之间相处不可或缺的润滑剂，更是一种对他人的尊重和包容。

17. 谦恭守礼：谦谦君子，卑以自牧

【简译】

谦虚的君子，通过保持谦恭的姿态来提高自己的修养。

【引申评论】

《周易》的谦卦中说："谦谦君子，卑以自牧也。"这句话旨在告诉我们要做一个谦恭守礼的君子。这既是人际交往中的前提条件，也是我们应当具备的一种传统美德。

生活中，有许多事情仅凭我们自己的力量是很难完成的，必须依靠身边朋友的帮助，充分发挥他们的作用，使他们成为我们坚强的后盾，才能让我们更快地走向成功。然而，一个目中无人的人，又如何能结识真正的朋友呢？答案显然是否定的。因此，做人一定要谦虚谨慎，只有这样，我们才能获得更多人的支持和帮助。对此，《尚书·大禹谟》中也告诫我们"满招损，谦受益"，意思是骄傲自满容易吃亏，谦虚谨慎方能受益。所以，在交际时，不妨多向他人虚心请教，不要觉得询问别人会降低自己的身份。我们在听取别人建议的同时，也很好地满足了对方需要被认可的心理，从而使彼此的感情进一步加深。

不仅如此，谦逊还是我们中华民族的传统美德。有人说，先把自己的

杯子倒空。心太满，什么东西都进不来；心不满，才能有足够的空间来容纳新的事物。很多时候，越浅薄的人往往越是狂妄自大，而越博学的人却越是谦逊恭顺，因为前者由于无知而生出傲慢之心，而后者因知识渊博而产生渺小之感。古人云："虚己者，进德之基。"虚心乃修养品德的基础。因此，在与人交往的过程中，我们应始终以虚心好学的姿态出现在他人面前，而不能不懂装懂，否则，我们将失去进步的机会。

需要注意的是，谦卑并不等同于唯唯诺诺、卑躬屈膝，而是始终保持谦虚的心态，不断修炼和提升自己。比如，在工作中遇到棘手的难题时，我们可以态度诚恳地向有经验的同事请教，这不仅有助于找到解决方案，也能拉近彼此的关系。在生活中遭遇不公时，我们可以礼貌地予以回击，待公平重现之时，也会赢得来自陌生人的赞许。那么，如何才能成为一个谦谦君子呢？对此，我们可以从以下几个方面努力。

一是要严于律己，宽以待人。对待自己要严格，对待他人则多一点宽容和理解。

二是正视自己的缺点和别人的优点。在学习别人优点的同时，努力改正自身的缺点。

三是始终保持进取之心。不断地超越自我，从而不断地提升自身价值。

【事典】攻心计之蒋琬谦以待人收人心

三国时期，自从诸葛亮去世后，蜀国便由蒋琬（？—246年）接手主持朝政。刚刚上任的蒋琬，由于根基不稳，不敢在政治上进行太多大的变革，因此，他只能默默恪守已故丞相诸葛亮的旧制。幸好这些旧的制度也能使蜀国保持稳定。然而，诸葛亮的许多旧属对蒋琬表示不满。

其中，性情孤傲的杨戏（？—261年）常常让蒋琬感到难堪。这一天，蒋琬来到办公的地方，那些同僚们纷纷站起来肃立，以示对他的尊敬。唯独杨戏与众不同，只见他继续坐在桌案前，埋头查看自己的工作材料，对蒋琬的到来不闻不问。蒋琬见杨戏工作认真，便主动上前与他说话，可杨戏却态度傲慢，对他的问话很少回应。

有些人对杨戏这种目无尊长的作风非常看不惯，但蒋琬却不以为意。他说："每个人都有自己的个性，尽管杨戏没有回答我的一些问题，可总比说些违心的话要好。杨戏不回答我的问题，也许是有他的难处。如果他赞同我的话，自然会开口，想必是他心里并不认同我，若公开表示不赞同，怕会伤及我的尊严，因此，他只好选择沉默不语。这倒是他爽快的地方，我不能因此而责怪他。"

蒋琬的手下有一位督农官，名叫杨敏，此人很喜欢在背后议论他人。一天，闲暇之时，杨敏与同僚们谈论起蒋琬。其他人都赞扬蒋琬，说他如何如何好，甚至有人将蒋琬与诸葛亮相提并论。但杨敏却不以为然，他说："蒋琬虽然虚怀若谷，但怎么能与诸葛丞相相比？我认为蒋琬做事还有些糊涂，实在不及已故的诸葛丞相。"

有好事者把这些话偷偷地告诉了蒋琬，并建议惩治杨敏的罪行。但蒋琬却说："我确实不如诸葛丞相，杨敏说的没有错。"后来，杨敏因其他事情被捕入狱，这时，人们纷纷议论："杨敏之前得罪了蒋琬，现在又犯了罪，看来是活不成了。"然而，蒋琬在处理杨敏一案时，却毫无偏颇，完全秉公而断，使其免于重罪。

就这样，大臣们渐渐地都接受了谦逊的蒋琬。他受到了蜀国人民的称赞，而他所推行的新政策也得到了人们的拥护。最终，蒋琬成为人人爱戴的将相。

【评注】

　　显而易见，蒋琬是一位善于攻心的高手，面对先贤诸葛亮留下的余威，他深知自己无法逾越，因此采用了谦以待人的怀柔政策，潜移默化地收拢人心。面对杨戏傲慢无礼的态度，即使其他人也看不惯，蒋琬仍能将对方性格上的缺点视为值得学习的优点。而对于背后说他坏话的杨敏，蒋琬不仅没有生气或责怪，还大方承认自己确实不如诸葛亮，并在对方入狱时依法办理，使其免于重罪。正是因为这些虚怀若谷的事迹广为流传，那些心怀不满的大臣们对蒋琬的态度才渐渐有所改观，开始拥护他所推行的新政策。

　　试想一下，如果蒋琬一开始便采取暴力手段，以武力镇压那些心怀不满的大臣，只会激起他们更为激烈的反抗，使他原本就不稳的根基更加不稳。相反，他以谦卑的姿态对待那些大臣，反而会令他们心生愧疚。久而久之，待愧疚的情绪被填满，便会衍生出弥补之心，进而选择服从。蒋琬的这一系列举措，既是谦谦君子赢得人心的佐证，也体现了这条攻心法则的魅力。

第三章　潜移默化：心战如棋，步步为营

18. 摆正态度：严可平躁，敬以化邪

【简译】

严格的态度可以抚平躁动的情绪，尊敬的心态可以化解不正当的念头。

【引申评论】

《围炉夜话》中说："严气足以平躁气……敬心可以化邪心。"这句话强调了要用不同的态度去对待不同的人。这条攻心法则不仅有利于社交，也是我们做人做事的行为准则。

生活中，我们总会面对形形色色的人，既有活泼好动的，也有沉稳内敛的。如果我们始终用一种态度去面对他们，很可能会哪种都无法结交。唯有因人而异地区别对待，才能更快融入他们的圈子。对此，《战国策·齐策三》中也说："物以类聚，人以群分。"在人际交往的过程中，人们常常更乐于和与自己相似的人交朋友，如性格相近、爱好相同等。因此，如果我们将自己伪装成与之相似的"同类人"，便能轻而易举地接近对方。可见，我们若想在与他人的交往中如鱼得水，就必须根据不同人的性格和处事方式，采用不同的应对方法。这能让我们在适当的时候找到最合适的人，而不是毫无章法地得罪人。

提到区别对待，有人可能会觉得这是一种势利的行为，殊不知，这既是了解朋友的一种体现，也是维系彼此友谊的必要手段。正如《出师表》中所说"亲贤臣，远小人"，我们不可能对品行卑劣的小人也做到如对君子般一视同仁，只能将自己有限的时间和精力用在对我们有益的"贤臣"身上，这才是正确的处世之道。不可否认，对每个人而言，朋友都是十分重要的，但我们必须知道，每一位朋友的特质各不相同，唯有用不同的方式与他们交往，才能充分利用他们的优点且规避他们的缺点，从而帮助我们走上一条通往成功的康庄大道。否则，形同陌路事小，若一不小心反目成仇，那就得不偿失了。

因此，我们需要学会根据人的特点去交朋友，只有这样才能发挥人脉的最大价值。例如，面对性格活泼的朋友时，我们可以适时地开个小玩笑，展现自己的幽默感，从而拉近彼此的距离；而在面对性格内敛的朋友时，我们说话则要严谨一些，展示自己成熟稳重的一面，以赢得对方的好感。那么，如何才能做到这一点呢？不妨从以下几个方面入手。

一是要保持联系。这样既能稳固关系，又能充分了解对方的性格和爱好。

二是要建立"朋友档案"。及时了解朋友的需求，在合适的时候给予关心和帮助。

三是要将朋友进行"分级"。对那些令我们敬重的朋友投入更多心力，相互扶持，共同成长。

【事典】攻心计之孔子因材施教育人才

春秋时期，孔子（公元前551年—前479年）门下聚集了三千弟子。对于不同的弟子，他常常采用不同的教育方式，以充分发挥他们的优势，弥补其不足之处。

这一天,孔子讲完课后,刚回到自己的书房,公西华(公元前509年—?)紧随其后而来,还没等公西华开口,子路(公元前542年—前480年)便匆忙走了进来。他行了个礼后,问道:"先生,如果我听到一件合乎义理的事,能立刻去实行吗?"

孔子听后,不紧不慢地回答:"不行,你的父亲和兄长都还健在,所以你应该先听取他们的意见,不能一听到就立刻去做。"子路听完这话,低垂着脑袋走出去了。

不一会儿,冉有(公元前522年—?)又进来了。他恭敬地行完礼后,同样问孔子:"先生,如果我听到一件合乎义理的事,可以立即实施吗?"

孔子答道:"当然可以,就应该立刻去实施啊!"

冉有走后,目睹了全过程的公西华感到有些困惑,于是问孔子:"先生,同样是一个问题,为什么您的回答却完全不同呢?"孔子微微一笑,回答道:"冉有性格比较怯懦,所以我鼓励他大胆去尝试,希望他今后遇事能勇敢一些;而子路好胜心强,做事容易冲动,所以,我有意培养他听取他人意见的习惯。"

还有一次,弟子颜回(公元前521年—前490年)询问孔子:"先生,您觉得什么是'仁'呢?"

孔子回答:"努力克制自己的言行,使其符合礼数便是'仁'了。"

随后,弟子仲弓也来请教孔子:"先生,您觉得什么是'仁'呢?"

孔子回答道:"不要把自己不想要的东西强加到别人的身上,就是'仁'。"

不久,孔子的另一个弟子司马牛,也向他请教:"什么才是'仁'?"

孔子却回答:"仁德的人说话往往都非常小心谨慎。"

于是，有人问孔子："为什么同一个问题，您给的答案却各有不同呢？"

孔子指出，弟子们各具特点，须有针对性地进行解答。比如，颜回悟性极高，只需向他讲述"仁"的根本要求，他便能自行参透；仲弓较为粗心大意，不太能顾及他人的感受，因此建议他学习换位思考；司马牛话语过多，容易招致麻烦，所以告诫他谨言慎行才符合"仁"的要求，从而促使他今后要保持言行一致。

【评注】

提到孔子，相信每个人都不会陌生。他不仅学问精深，更是教育弟子的一把好手。故事中，面对子路和冉有的询问，孔子根据他们不同的性格特征，给出了能够完善其性格缺陷的回答。他们在进一步提升自我的同时，内心对孔子这位老师也会更加敬重，师生之情因此变得更深厚。对于颜渊、仲弓和司马牛的求学之问，孔子同样根据他们平日里的不同表现，分别给出了适合他们特质的建议，使他们逐渐迈向君子之境。当他们收获成果的那一天，必定会感激孔子这位老师，对其心悦诚服。

毋庸置疑，孔子是一位充满智慧的老师。他善于理解人心，不仅深知每个弟子的优缺点，还因材施教，采用不同的态度：对于性格怯懦的人，他鼓励他们勇敢；对于冲动行事的人，他培养他们三思而后行的习惯；对于不懂人情世故的人，他教导他们学会换位思考；对于话语过多的人，他促使他们言行一致。正因为如此，孔子才能培养出众多人才。而他这种独特的教育理念与方法，使其成为后世教育的光辉典范。

第三章 潜移默化：心战如棋，步步为营

19. 直白坦诚：推心置腹，消除戒备

【简译】

掏出自己的赤诚之心，放入别人的腹中，进而消除对方的戒备。

【引申评论】

《后汉书·光武帝本纪》中提到："推赤心置人腹中，安得不投死乎！"这句话告诉我们，对他人坦诚，必定能获得回报。这条攻心法则是交际中赢得人心的制胜法宝。

随着年龄和阅历的不断增长，我们往往会不如小时候那般直白率真。也许这样的改变能使我们更好地融入社会，但请不要忘记，对于真正的朋友，坦诚才是维持友谊的重要基础。"人之相知，贵相知心。"那么，如何才能相互交心呢？自然是用坦诚这把钥匙，消除双方之间的戒备与隔阂，从而打开彼此的心门。在人际交往中，坦诚相待是我们获得他人信任的最佳途径，而信任又是所有关系得以发展和延续的基础。若没有这个基础，我们便无法与他人建立更深入的交往。因此，要想赢得他人的心，我们必须学会坦诚相待，以真心换取真心。

大家都知道，当我们照镜子时，无论做出什么样的表情，镜子中的人都会以同样的表情回应我们。在人际交往中也是同样的道理：我们怎样对

待别人，别人也会怎样对待我们。可见，若想得到他人的坦诚相待，就必须先坦诚地对待他人。对此，《物理论》中也有类似的观点："以信接人，天下信之。"意思是诚信待人，天下人都会信任他。实际上，对别人坦诚，受益的不仅仅是对方，我们也能因此提升自己的人格魅力、吸引力和凝聚力。因此，在与他人交往时，我们不妨少一些世故和圆滑，多一点直率和坦诚，用一颗赤诚之心去维护这份情谊。

坦诚不仅是吸引他人的重要品质，也是赢得他人信任的有力保障。因此，在交际中，我们一定要学会坦诚相待。例如，当与朋友出现隔阂时，我们可以直接告诉对方自己不想失去这个朋友，然后实事求是地处理矛盾，从而修复彼此的关系。当自己犯错时，我们可以坦然承认，承担自己应负的责任。虽然会受到惩罚，但也能赢得大家的信任。然而，培养坦诚并不是一蹴而就的。对此，我们不妨从以下几点入手，并坚持不懈地努力。

一是要做到实事求是。除了善意的谎言，对自己身边的人要做到实话实说。

二是要敢于质疑。面对心存疑惑的事情，我们应当勇敢地提出疑问。

三是要敢于承认错误。犯错时不逃避，主动承担责任。

【事典】攻心计之胡雪岩坦诚相待消隔阂

民间流传着这样一个故事。1851年，洪秀全（1814年—1864年）建立了太平天国，正式宣布反清。一时间风声鹤唳，各地纷纷招兵买马，开办团练以守护自己的地盘。尤其是江浙一带，直接受到太平天国的威胁，因此防务亟待加强，各地大办团练、扩充军队。有了士兵就需要兵器，于是各地急需大批的洋枪、洋炮。

胡雪岩正是看准了这一商机，才下定决心做军火生意。他凭借自己雄厚的商业基础以及广泛的人脉，很快就在军火生意上打开了局面，并做成了几笔大生意。这天，胡雪岩打听到一个消息，有外商运进了一批性能先进的军火。消息得到确认后，他立刻联系了外商，凭借自己丰富的经验与高超的谈判技巧，很快与对方达成了交易。

然而，正当胡雪岩春风得意时，却听到商界的朋友说，有人指责他做生意不地道。原来，外商此前已经决定将这批先进的军火以低于胡雪岩出的价格卖给军火界的另一位同行，只是那位同行尚未付款取货，就被胡雪岩以较高的价格买走了。显然，这使得那位同行失去了几乎到手的赚钱机会。

当胡雪岩得知事情的前因后果后，便立即亲自前往那位同行的家中，诚恳地讲述了事情的经过，并与对方协商如何处理此事。那位同行深知胡雪岩在商界的地位，由于担心在以后的生意中与胡雪岩发生冲突，因此没有提出任何要求，只是表示这笔生意既然胡老板已经做成，那就这样算了吧，并希望以后他能给同行们留些机会。

事情到了这一步，似乎已经轻易地解决了，但胡雪岩却不肯就此罢休。

胡雪岩坦然承认这件事是自己的失误，主动建议那位同行以低价从其他渠道购入军火，然后再以他与外商谈好的价格卖给自己。对方还可以直接将买家带到胡雪岩这里签署协议。如此一来，那位同行不仅可以赚取差价，而且无须自己出资，更不用承担任何风险。胡雪岩的坦诚相待，不仅令那位同行心悦诚服，也赢得了业界人士的敬佩。通过此番协商，他一举多得：既促成了这笔交易，也没有得罪同行，还博得了那位同行的好感，并在业界获得了更高的声誉。

【评注】

　　众所周知，胡雪岩是商界的一位传奇人物。他成功的经商经验至今仍被无数商人津津乐道。作为晚清时期的"红顶商人"，他深谙攻心计。在这个故事的开端，胡雪岩便看透江南掌权者对军火的需求，成功地做成了一笔军火生意。岂料，这笔生意在给他带来利润的同时，也引发了商业危机。原来，由于他一时的疏忽大意，导致一位原本与外商将要合作的同行被放了鸽子，失去了这笔生意。

　　当同行指责胡雪岩做生意不地道时，善于攻心的他决定坦诚应对。他不仅如实讲述了事情的经过，还坦然承认了自己的过失，并真诚地予以弥补，使那位同行不仅可以赚取差价，还无须投入资金或承担风险。显然，正是胡雪岩的直白和坦诚，消除了同行心中的隔阂。不仅如此，他还因此获得了业界的一致赞誉。可见，这条攻心法则能够给予我们超乎想象的力量。

第三章 潜移默化：心战如棋，步步为营

20. 以情攻心：感人心者，莫先乎情

【简译】

最能打动人心的，莫过于情感。

【引申评论】

《与元九书》中说："感人心者，莫先乎情。"真情实感往往更能打动人心。这条攻心法则不仅是人际交往中建立良好关系的必要条件，也是我们突破他人心理防线的妙招。

人是感性动物，在竞争激烈的社会，尽管人们因各种缘由逐渐变得防备、冷漠，甚至充满敌意，但对真情的渴望仍然存在。因此，在人际交往中，若能以真情实感触动他人的心灵，常常能收获意想不到的效果。俗语说："动之以情，晓之以理。"事实上，以情动人远比以理服人更有利于交际。在现实生活中，我们用道理去说服他人，或许只能获得对方暂时的认同。然而，如果我们从他人内心的情感需求出发，设身处地地让对方去感受、去经历，那么对方就能深刻体会其中的道理，进而发自内心地表示认同。这便是情感的神奇魔力，能够直击对方的心灵。

生活中，细心的人不难发现，那些与自己建立深厚友谊的人，往往是自己关怀和爱护的对象。彼此的友谊正是在这种真情传递的过程中逐渐

升华的。可见，人与人之间的交往其实并不复杂，只要我们用真情对待他人，别人往往也会真心实意地对待我们。正如《诗经》中所说："投我以木瓜，报之以琼琚。"多对他人释放一些真情，就能为自己积累更广泛的人脉，何乐而不为呢？不可否认，人都有自我保护的意识，不少人正因为把握不当，使得自己的人际交往以失败告终。对此，我们不妨采取"真情"策略，在他人最需要帮助的时候，给予对方爱与关怀，以此打破对方的心理防线。

情感是人际交往的重要基础，它能打开他人紧闭的心扉，帮助我们赢得人心。例如，在面对陌生人时，言语间自然流露出关爱，对方必定会心怀感激，愿意与我们亲近；在与爱人或亲人相处时，我们可以真诚地表达关心，让彼此之间的感情愈发深厚。那么，如何才能做到以情动人呢？可以从以下几点入手。

一是要有真情实感。千万不能假装深情，情感一定要发自真心并自然而然地流露。

二是要因人而异。对于不同性格、习惯的人，要采取不同的情感攻势。

三是要持之以恒。情感攻势从来都不是一蹴而就的，需要我们持续不断地付出与经营。

【事典】攻心计之触龙以情动人说服赵太后

公元前265年，赵孝成王即位，秦国趁新君根基不稳之际发兵来袭。赵国向齐国求援，齐国提出必须以赵太后的小儿子长安君作为人质，他们才会派出援军。赵太后坚决不同意，并放言："谁要是敢在我面前提及让长安君做人质，就不要怪我往他脸上吐唾沫！"

第三章 潜移默化：心战如棋，步步为营

左师触龙听闻此事，希望能见太后一面。太后知道他的意图，便板起脸等待他来。

只见触龙做出小步快走的样子缓慢地走到赵太后跟前，关切地说："臣年事已高，腿脚不便，走路已经不太利索，因此很久未能前来拜见。但臣心中时刻挂念着您的安康，今日特意前来探望。"

随后，两人便聊了些家常话，赵太后见触龙没有提及人质的事，怒气渐渐消散了。

正当两人交谈融洽时，触龙说道："我的小儿子舒祺，最没有能力，可我偏偏最疼爱的就是他。为了他的前途，我今天冒死请求太后，希望能允许他到宫里当一名侍卫。"

赵太后回道："没问题，你家孩子现在多大了？"

触龙说："已经十五岁了，虽然还年轻，但我希望在我去世之前将他托付给您。"

赵太后有点惊讶，说道："你们男人也会疼爱最小的儿子吗？"

触龙无奈地一笑，回道："疼起来比你们女人还厉害呢！"

赵太后也笑着说："不可能，我们女人疼爱得更多！"

触龙听后，笑着道："我看未必。我觉得您疼爱燕后就超过了长安君。"

太后说："那是你的错觉，我对燕后可没对长安君那般疼爱。"

触龙继续说："我听到的可不是这样。我听别人说，您在送燕后出嫁时，因为她嫁得太远，无法常常回来看您而伤心，甚至忍不住握着她的脚后跟大哭。她走后，您更是时常为她祈祷，希望她的子孙能够世世代代都成为燕国的君王。"

赵太后面露悲色，说道："父母不都是这样吗？疼爱孩子就得为他们做长远的打算。"

这时，触龙却突然严肃起来，说："可是您并没有为长安君如此筹划啊！您想一想，自赵国建立以来，赵王的子孙被封侯的，他们的子孙还有能够继承爵位的吗？是因为这些子孙都不成器吗？不是，而是因为他们地位高却没有立下功劳，俸禄多却没有做出政绩，所以高官厚禄都没了！现在，您给了长安君高贵的地位，又分给他肥沃的土地，以及用不完的金银珠宝，却不给他为国立功的机会，一旦您百年之后，长安君又凭什么享用这些好处呢？所以我觉得您对他的疼爱不如对燕后。"

赵太后听完这番话，便立刻同意送长安君去齐国做人质。

【评注】

"触龙说赵太后"的故事出自《战国策·赵策四》。故事开篇描绘了一幅紧张的场景：秦国举兵攻打赵国，赵国向齐国求援。齐国答应派兵援助，但要求将长安君送去做人质。赵太后坚决不同意，并放话，谁敢提此事就朝谁脸上吐唾沫。一方面是秦国来势汹汹的进攻，若不能及时得到援军，国家势必遭受惨重的伤亡；另一方面是赵太后的坚决反对，无人能动摇她对孩子的坚定保护。触龙此次劝说，难度极大，几乎不可能完成。

然而，善于攻心的触龙却毫不畏惧。他从见面之初便开始了自己的攻心策略。他先以关心赵太后的身体为切入点，闲聊了一会儿家常；然后借着让小儿子入宫当侍卫这件事，引赵太后说出"为孩子做长远打算"的观点；最后，他用"地位高财富多却没有功劳"来劝说赵太后，现在正是为长安君做长远打算的时候。就这样，触龙一步一步地打开了赵太后的心扉，并循序渐进地让她明白，送长安君去当人质才是真正为孩子好、保护孩子。他的真情终于打动了赵太后。触龙这场成功的劝说，既体现了他高超的谈判技术，也彰显了这条攻心法则的奇特魅力。

21. 以诚动人：巧诈不如拙诚

【简译】

巧妙的奸诈比不上拙朴的诚实。

【引申评论】

《韩非子·说林上》中说："巧诈不如拙诚。"这条攻心法则虽简单直白，却蕴藏着人际交往的真谛与为人处世的哲学。

在人际交往中，我们最忌讳的是虚伪，它常常伴随着欺诈和背叛。即使骗局设计得精妙绝伦，在谎言被拆穿的那一刻，一切都会如梦幻泡影般消逝。试问，谁愿意与一个经常戴着面具的人交朋友呢？可见，真诚才是我们交友的不二法门！古语说："精诚所至，金石为开。"这句古语是交际中的金玉良言，意思是人的诚心能感动天地，令金石都为之裂开。因此，在与人交往时，我们应摒弃欺上瞒下之举，杜绝文过饰非之行，少耍那些自以为是的"小聪明"，用一颗真诚的心去对待他人，相互扶持，共同走向成功的道路。

事实上，真诚不仅是人际交往的重要前提，更是一种美德和境界，是每个人都应该具备的品质。这正是"巧诈不如拙诚"的内涵所在。在现实生活中，也许精湛的"伪装术"能够帮助我们获得暂时的人脉，却无法为我们留住永恒的品格。对此,《孟子·离娄上》中说:"诚者,天之道也;思诚者,人之道也。"这句话的意思是,真诚是天道使然,追求真诚是为人处世的准则。人生在世,谁不想结交一两个真心的朋友,然后结伴同行呢?可是,若你不以诚待人,又怎能要求他人诚心对待自己呢?要知道,人心都是肉长的,付出总会有回报。只要我们始终以一颗真诚的心去面对,就必然能够得到相应的回报。

综上所述,"巧诈不如拙诚"这一攻心法则可谓人际交往中的制胜法宝,能够帮助我们披荆斩棘,拓宽人脉。例如,在与初次见面的人交往时,我们可以用真诚给他们留下良好的第一印象,从而为今后更深入的交流打下基础;在面对亲人的批评和指责时,我们也要以真情实感回应,及时化解对方心中的委屈和怒气。那么,如何才能做到这一点呢?这就需要我们注意以下几个方面。

一是不能欺骗。要实事求是地对待所有事情。

二是学会尊重。要相信他人的善意,别恶意揣度。

三是主动关怀。在他人需要时伸出援助之手。

【事典】攻心计之刘备三顾茅庐

东汉末年,刘备(161年—223年)在攻打曹操(155年—220年)失败后,投奔了同宗的刘表。为了成就未来的大业,刘备开始四处寻访人才。最终,在荆州隐士水镜先生的推荐下,他将目标锁定在了卧龙岗的诸葛亮身上。

这天一早,刘备就带着关羽(约160年—220年)和张飞(?—221年)一起出发,策马来到了卧龙岗的庄子上。刘备下马后礼貌地敲门,很快便有一位小童出来迎接。刘备赶紧上前表明来意,表示自己是专程来拜访卧龙先生的。小童却说他们来得不巧，自家先生今早已经出门，可能要三五日才能回来。无奈之下，刘备只好留下姓名，告诉小童他们改日再来拜访。

没过几天，刘备便收到诸葛亮已经回来的消息。他不顾外面的风雪，立刻带着关羽和张飞赶往卧龙岗。然而，当刘备三人再次来到门前，却被诸葛亮的弟弟告知：兄长已经和好友一起外出游玩了。面对两次希望落空，刘备不禁有些伤感。这时，本就不愿再来的张飞见诸葛亮又不在家，便催促刘备离开。临走前，依然不死心的刘备留下了一封信。

转眼间，冬去春来。刘备选好日子，准备第三次去拜访诸葛亮。

此时，关羽坐不住了，劝说道："哥哥已经去了两次，足以表达我们的诚意了。也许那个诸葛亮只是徒有虚名的庸才，所以才对我们避而不见，我们又何必再去呢？"

刘备听后，反驳道："当年齐桓公（？—前643年）去了五次，才得以见到东郭野人，更何况我们要拜访的还是当下著名的大贤。"

这时，张飞的暴脾气上来了，他说道："什么大贤，不还是个平头百姓吗？这次哥哥们就不用去了，要是他敢不来，我一个人就用麻绳直接把他绑过来。"

听完这话，刘备连连训斥张飞"不得无礼"。最后，在刘备的坚持下，三人一起去了卧龙岗。这一次，诸葛亮终于没有外出，刘备赶紧询问小童，是否可以与卧龙先生见上一面。小童却说先生正在午休，刘备表示自己可以等。等了许久，诸葛亮仍没有醒来的迹象，气得张飞直喊要放火烧卧房，刘备劝了多次，才好不容易安抚住了他。

就这样，又过去了一个多时辰，诸葛亮才缓缓醒来，正式与刘备见了面。

诸葛亮在刘备面前侃侃而谈，细致分析了当下的局势。刘备叹服不已，当即请诸葛亮出山相助。而诸葛亮也被刘备三顾茅庐的诚意打动，答应了他的请求。

【评注】

"三顾茅庐"的故事源于《三国演义》。在刘备去寻找诸葛亮之前,他因战败而狼狈逃往荆州,每天都过得忧心忡忡、忐忑不安。因此,他非常渴望能有一位贤才来辅佐自己成就大业。然而,贤才们对乱世失望至极,纷纷躲起来做了隐士。正是在这种一贤难求的局势下,刘备选择迎难而上。对于诸葛亮这样的隐士而言,无论是威逼还是利诱,都不足以动摇他那颗淡泊名利的心,甚至可能引发当事人的逆反心理。

对此,刘备选择用自己的真诚去打动诸葛亮。在连续两次拜访都吃了闭门羹后,他执着地进行了第三次拜访,终于赶上诸葛亮在家。在得知对方正在午休时,他耐心等待,还劝阻了怒火中烧、想要放火烧房的张飞。就这样,刘备用自己的实际行动,一次又一次证明了自己的诚心,最终请得卧龙先生出山辅佐。

刘备身体力行地表达自己的诚意,一次不够便两次,两次不够则三次……直到感动对方为止。没错,这就是"巧诈不如拙诚"法则的神奇之处:用最朴实无华的方式,去赢得最宝贵的人心!

22. 把握分寸：攻人毋太严，教人毋过高

【简译】

责备别人不能太严厉，教导别人不能期望过高。

【引申评论】

《菜根谭》中说："攻人之恶毋太严，要思其堪受；教人之善毋过高，当使其可从。"这条处世法则告诉我们要把握好做人做事的分寸。它既是人际交往的行为准则，也是古代先贤留给我们的处世智慧。

生活中，每个人心里都有一把无形的标尺，用来丈量自己与他人之间的距离，以防有人越过自己的心理界限。例如，我们不喜欢与不熟悉的人勾肩搭背，上班时也不会与自己的下属称兄道弟。可见，在与人交往时，我们要准确把握与他人之间的距离，拿捏做人做事的分寸，否则很容易令人反感。俗语说"有所为而有所不为"，意思是做自己该做的事，而不能去做不该做的事。因此，在交际中我们一定要把握好分寸，该做的事情就努力做到最好，而不该做的事情千万别去做。

所谓"距离产生美"，意思是我们可以与朋友以心换心，但每个人都有自己的隐私，都需要一个相对自由的空间。没有人喜欢被彻底掌控，也没有人愿意毫无保留地暴露自己。因此，保持恰当的距离是维系关系的恰

当方式，也是对彼此的尊重。《论语·先进》中说："过犹不及。"凡事都不能失去分寸，否则就会得不偿失。其实，人与人之间的相处，既不是"事不关己，高高挂起"，大家离得越远越好，也不是要天天黏在一起，大家离得越近越好。因为距离太远，会让彼此疏远，令肝胆相照变成一种奢望；距离太近，又容易将彼此的缺点无限放大，从而增加摩擦和冲突。因此，在交往中保持适当的距离，才有利于维持和谐的人际关系。

与朋友相处，保持适当距离，并不是让我们疏远对方，而是为了让友谊长久地持续下去。要给予朋友私密空间，让友情能够自由呼吸。同样，当两人确定了恋爱关系后，不要过度关注恋人，不是打电话查岗，就是翻看对方的手机，这会让对方感到窒息。当孩子渐渐长大时，要注意尊重他们的隐私。对于想要了解的信息，可以直接询问，而不是偷偷翻看孩子的日记，这样会引发他们的叛逆之心。具体来说，我们可以从以下几点入手，学习如何掌握分寸。

一是要明晰自己的角色。给自己一个准确的定位，明白该做什么，不该做什么。

二是要学会控制情绪。冲动可是魔鬼，千万不要在不理智的情况下做决定。

三是要坚持自己的原则。任何时候都要守住自己的原则，"富贵不能淫，贫贱不能移，威武不能屈"。

【事典】攻心计之东方朔妙计晋见汉武帝

公元前141年，刘彻（公元前156年—前87年）登基成为皇帝（汉武帝），征召天下各地的贤良方正之士。于是，全国各地的读书人纷纷涌入长安城，递交自荐书。一时间，长安城人满为患。东方朔（公元前154年—前93年）

的自荐书打动了汉武帝,汉武帝命他在公车署等待召见。

然而,东方朔的成就,并非源自这封自荐信。他虽然被留下了,但只担任了一个管理公车的小官,也没得到皇帝召见,更不用说得到重用了。对东方朔而言,更重要的是,他领取的俸禄,只能勉强维持自己的住宿和三餐。

对此,东方朔心有不甘,想要引起皇帝的注意。他苦思冥想了很久,终于决定巧妙地制造一起事件。经过再三考虑,他认为可以从皇上御马的饲养者——侏儒入手,因为这样既能引起注意,又不会影响皇帝的事务,皇帝知道后,也不至于大发雷霆。于是,他告诉那些喂马的侏儒:"皇上认为你们既不能为官,也不能务农,更不能参军,对这个国家毫无用处,所以要除掉你们。皇上来了,你们要叩头请罪。"

侏儒们见东方朔态度如此诚恳,便信以为真,于是见到皇帝后,他们立刻跪在地上叩头哭泣。在皇帝的询问下,他们将事情的前因后果都说了出来。汉武帝听后,随即命人召来东方朔兴师问罪。此时,正愁没机会见到汉武帝的东方朔,见自己的计谋已经得逞,便欣然赶来。见东方朔毫不畏惧,汉武帝好奇地问:"你敢造谣惑众,如此目无王法,难道就不怕我砍了你的脑袋吗?"

东方朔一脸诚恳地说道:"臣东方朔活要说,死也要说。侏儒身高三尺有余,臣身高九尺多,可我们拿的是同样的俸禄,侏儒衣食无忧,但臣却饥寒交迫。臣以为陛下求贤若渴,若觉得臣有用,便加以任用;若不能用就该放臣回家,以免在这里吃不饱穿不暖,最终难免一死!"

汉武帝听完不禁大笑,命东方朔待诏金马门。从此,东方朔才渐渐开启了青史留名的仕途生涯。

【评注】

东方朔的智慧众所周知,他不仅才华横溢,还擅长揣摩人心。故事的开端描绘了东方朔面临的艰难处境:虽然他的文采令汉武帝欣赏,但汉武帝并没有对他委以重任,因此他只得到了一个不起眼的小官职。最令他不满的是,他的俸禄非常少,生活很艰难。东方朔深知,只有见到汉武帝本人,才能摆脱目前的困境。然而,皇帝日理万机,岂是他想见就能见到的?

于是,善于攻心的东方朔决定"闹事"。他明白自己既不能挑起太大的事端,以致皇帝愤怒到想要砍掉自己的脑袋,也不能选择那些无关痛痒的小事来闹,否则无法引起皇帝的注意。因此,他谨慎地拿捏分寸,决定从喂马的侏儒们入手。最终,他获得了汉武帝的召见。面对汉武帝,他不敢有丝毫怠慢,诚恳地讲述了事情的缘由。汉武帝被他这番恰到好处的操作逗乐,赐予他更高的官职。汉武帝从漠视、恼怒到重视的转变,说明了东方朔攻心之术的精妙,而他的成功,也验证了这条攻心法则的神奇和有效。

23. 循序渐进：情急招损，严厉生恨

【简译】

性格太过急躁容易损害自身，对人过于严厉容易遭人怨恨。

【引申评论】

《菜根谭》中说："事有急之不白者，宽之或自明，毋躁急以速其忿；人有切之不从者，纵之或自化，毋躁切以益其顽。"在与人交往中，切忌急功近利，唯有脚踏实地、循序渐进，才能获得最终的胜利。这也是我们为人处世的重要方法。

很多时候，人们总是有一蹴而就的想法和急功近利的冲动，结果越是想要获得成功，越是适得其反。对此，《论语·子路》中有言："欲速则不达；见小利则大事不成。"意思是越是急于求成越是达不到目的，越是贪图小利越办不成大事。在现实生活中，那些性情比较急躁的人，做事情常常急于求成，在遇到突发事件时更是心浮气躁，使事情变得越来越糟，最终导致自己损失惨重。因此，在人际交往与事业发展中，我们要学会忍耐、学会稳重，凡事都要先沉住气，再伺机而动，千万不要一味追求立竿见影的效果，也不要为一些小利益浪费太多心力，应当顾全大局，循序渐进地实现自己的目标。

《劝学》中说："不积跬步，无以至千里；不积小流，无以成江海。"在任何情况下，我们都不可过于心急，要有宽广的胸怀和坚韧的毅力，一步一步地向前迈进。实际上，只要我们迈出了第一步，并持续前进，就会慢慢靠近自己的目标。无论过程多么艰难，我们需要做的，就是将问题逐个击破，日复一日，终能渡过难关。这种方法虽然没有新意，却是许多人走出困境的秘诀。可见，有时成功考验的不一定是实力，而是耐心。因此，我们应该端正心态，学会在积累自身能力的基础上，吸收前人的经验和教训，从而取得长足的发展，进一步迈向成功。

俗话说"心急吃不了热豆腐"，在与人交往时，过于急切地暴露意图，就等于将自己的"把柄"送到他人手中，结果可想而知。例如，在商务谈判的过程中，如果我们过于急切地想要达到目的，往往会在不经意间暴露自己的底牌，最终只能任由对方掌控。面对朋友犯下的错误，如果我们毫不留情地进行批评和指责，只会引发对方的逆反心理。唯有耐心地慢慢劝导，才有可能促使其改正。那么，怎样才能避免出现这种情况呢？可以从以下几点入手。

一是要学会抓大放小。放下琐碎的小事，多去关注举足轻重的大事。

二是要懂得隐藏情绪。我们可以通过心理暗示的方法，让自己学会隐藏负面情绪。

三是要调整好自己的心态。我们可以向他人或从书籍中学习一些保持良好心态的方法。

【事典】攻心计之绞国"急于求柴"招致灭亡

春秋时期，楚国举兵攻打绞国。气势汹汹的楚军兵临绞国城下，旌旗飘扬，烈马嘶鸣。绞国的国君见此情景，心里非常清楚：倘若自己出城迎

第三章 潜移默化：心战如棋，步步为营

敌，无异于羊入狼群，势必凶多吉少。于是，他选择闭门不出，固守城池。楚军见敌军按兵不动，多次强行攻城，却被绞国高大的城墙拦住，最终无计可施，只能将对方围困在城中。就这样，两军相持了一个多月，依然没有分出胜负。

对此，楚国大夫屈瑕（？—前699年）仔细研究了敌我双方的情况，认为要想攻下绞城，只能智取，不能强攻。于是，他向楚王献计说："绞国的都城久攻不下，与其在这里浪费时间，不如用利益引诱他们出城。绞城已经被围困了一个多月，城里囤积的物资必定消耗了不少，尤其是每天做饭用的柴火一定快没了。大王不妨派些士兵装扮成樵夫上山打柴，届时，缺少柴火的敌军势必出城抢夺。刚开始几天，让他们抢一些回去，给他们点甜头尝尝，等他们食髓知味，派大批士兵出城抢夺柴草时，我们就设下埋伏，阻断他们的后路，使其无路可退。"

楚王听罢有些疑虑，于是问道："这个计划虽然不错，只是敌人会如此轻易上当吗？"屈瑕胸有成竹地说："请大王放心，绞国现在急需这些木柴，所以一定会上钩。"

紧接着，楚王便按照计划行事，派兵进山砍柴。绞国国君听到手下报告有樵夫进山，惊喜地问："你看清楚了吗，是否有兵马保护这些樵夫？"探子回答道："樵夫们都是三三两两地进山，并没有士兵跟随。"绞国国君兴奋不已，立刻派兵出城，果然抢回了不少柴草。绞国国君见有利可图，开始越来越频繁地派兵出城，出城的兵马也越来越多，完全不知危险将要来临。

第六天，绞国国君像往常一样派兵出城，去抢夺樵夫们砍伐的木柴。这一次，樵夫并没有扔下木柴就跑，而是背着柴草拼命逃窜。绞国士兵见他们逃跑，便紧紧跟在后面穷追不舍，不知不觉中进入了楚军设下的埋伏

圈。当绞军掉入陷阱时，从四面八方涌出无数楚国士兵，将他们团团包围，一时间杀声四起，绞国士兵被打得措手不及，死伤无数。

这时，楚王趁机下令全面攻城，绞国国君这才意识到中计了，便放弃抵抗，跪地投降。

【评注】

也许有人会为绞国悲惨的结局感到惋惜，毕竟只是为了柴火，便导致了整个国家的灭亡，实在是得不偿失。殊不知，即便不是因为柴火，还会有粮食、布匹等其他物资的需求，同样会令绞国陷入战败的境地。他们唯有戒掉急功近利的行事作风，才有可能躲过楚国的围攻。不可否认，楚国的胜利应归功于屈瑕。善于攻心的他，不但知道绞国目前急需什么，更掌握了对方急于求成的心理。于是，他充分利用这一点设下陷阱，等待对方自投罗网。果然，绞国中了埋伏，大败而归，楚王乘胜追击，取得了最后的胜利。

从绞国和楚国两种截然不同的结局中，我们不难看出急功近利的巨大危害，而这也是该攻心法则所要表达的中心思想。因此，在与他人交往时，我们应当学会戒骄戒躁，循序渐进地去获取成功。

第四章

直意曲达：以迂为直，曲径通幽

《孙子兵法》有云:"知迂直之计者胜。"我们都知道两点之间直线最短,这是数学常识,但在人际交往的过程中,那条看似最直接、最便捷的直线,却不一定能带领我们实现最终的目标,有时甚至可能适得其反。生活不会始终一帆风顺,难免会出现无法直达的情况。此时,我们应适当地走一些弯路,采取"曲线救国"策略。为人处世未必非要直截了当、直奔主题,必要时采用迂回战术反而更有利于我们达到目的。

24. 能屈能伸：路曲通天，人曲顺达

【简译】

道路弯弯曲曲，终能到达天边；人能屈能伸，便可诸事顺达。

【引申评论】

《处世悬镜》中说："路曲通天，人曲顺达。"这条攻心法则告诉我们做人应当学会能屈能伸，唯有如此，我们才能在人际交往中游刃有余。

屈，是一种保全自身的智谋；伸，是一种光大自己的智慧。生活中，我们不难发现，那些性格刚强、直爽的人，常常会因为自己的耿直而得罪人。反之，那些能屈能伸的人却在社交中如鱼得水。原因在于后者知道在该低头的时候低头，而不是一味强硬。对此，《周易·系辞下》中也表达了相同的观点："尺蠖之屈，以求信也。"意思是尺蠖努力弯曲自己的身体，是为了能更好地伸展前进。可见，我们应当学会"屈于当屈之时，伸于当伸之机"，也就是在该低头的时候，适当地委曲求全；在该坚持的时候，适当地表现强硬。这种既不软弱又不狂傲的做法，才是成功交际的关键。

在与他人交往的过程中，我们难免会遭遇挫折，感到失意与伤心。其实，碰壁并不可怕，可怕的是不知变通。在现实的"门框"面前，暂时的

低头并不意味着卑微和懦弱，也不代表我们失去了原则和自尊，而是智者的处世艺术。《幼学琼林》中说："丈夫之志，能屈能伸。"学会适时地低头，不失为男子汉大丈夫的气度和风范，因为一时的低头，是为了能长久地抬头。很多时候，我们委屈自己，往往是为了将自身与现实的摩擦降至最低，从而把不利的环境转化为对自己有利的力量。这是一种为人处世的柔韧和权变，更是高明的生存智慧。

古往今来，无数事实证明，真正聪明的人能够应对各种变化，知道什么时候该屈，什么时候该伸，并在屈伸之间把握好尺度和分寸。例如，面对上司的强硬打压，我们应该适当地低头认错，先渡过眼前的难关，再寻找合适的时机反击；对于性格较为强势的伴侣，我们不妨在不触及原则的问题上顺从对方，这样当我们在原则问题上提出反对意见时，对方也可能会做出一些退让。那么，如何才能做到能屈能伸呢？不妨从以下几个方面入手。

一是要不急不怒。遇到不平事要先克制脾气，再冷静地去解决或处理。

二是要不骄不躁。面对无法解决的困难，我们要学会虚心向他人请教。

三是要不卑不亢。屈并不是让我们卑躬屈膝，因此必须坚守自己的原则和底线。

【事典】攻心计之越王卧薪尝胆灭吴

公元前494年，吴王夫差（？—前473年）率兵攻打越国，越国不敌，缴械投降。吴王没有选择杀死越王勾践（约公元前520年—前465年），而是将他押送至吴国为臣。

吴王为了羞辱勾践，不仅让他做自己的马前卒，还命他住在父亲阖闾坟前的小石屋里，一边守墓一边喂马。有时，吴王甚至故意让他牵着马从吴国百姓面前经过。面对吴王各种各样的刁难，勾践没有表现出丝毫不满。相反，他对吴王的命令不仅表示服从，而且做到令行禁止，只要是吴王的指令，他都会立刻执行，从未有丝毫懈怠。

不仅如此，为了表现自己的忠诚，勾践还处处讨好吴王。比如，吴王出门时，他会主动走在前面为其牵马，甚至不惜成为对方的上马凳；吴王生病时，他会不遗余力地在床前照顾，直到吴王痊愈为止。久而久之，吴王渐渐放松了警惕，觉得勾践是发自内心地归顺了自己。于是，吴王不顾大臣们的极力反对，十分大方地将勾践放回了越国。

回到越国后，勾践决心振兴国家，灭掉吴国，为自己报仇雪恨。为了提醒自己不要忘记吴王的羞辱，他特意每天睡在坚硬的木柴上，还在屋里悬挂了一颗苦胆，吃饭和睡觉前都要尝一下。此外，为了恢复国家的生机和调动百姓的积极性，勾践进行了一系列政治改革。他还亲自带着装满食物的车船，去民间视察民情，遇到需要粮食的百姓，便将车船上的食物分发给他们。

然而，勾践在勤政爱民的同时，也没有忘记继续麻痹吴国。他依然对吴王百般讨好，甚至不定期地送去珍宝和美人。其中，一位名叫西施的美女最得宠，成功地让吴王沉溺于美色之中。然而，勾践觉得这样还不够，于是他设法向吴国借粮，并以还粮的名义，送给对方一批已经煮熟的粮种，导致吴国种下后颗粒无收，饿殍遍野。

公元前482年，勾践认为时机已经成熟，于是率军讨伐吴国，给了吴国一次重创。

公元前478年，越王勾践再次攻打吴国，在笠泽大败吴军，又给了吴国一次重创。

公元前474年，越军攻入吴都。吴王后悔不已，最后羞愧地自杀而死，吴国灭亡。

【评注】

　　"卧薪尝胆"的故事来源于《史记·越王勾践世家》。故事的开篇描绘了越王勾践的能屈：为了获得自由，他对吴王百依百顺，让他做什么就做什么，甚至还主动去为吴王牵马，主动在床前伺候。而在勾践回到越国后，他又展现了自己能伸的一面：他进行了空前的政治改革，并亲自带着食物去体察民情，以便能及时给予百姓帮助；待到时机成熟时，他多次攻打吴国，誓要将吴国彻底消灭。

　　毫无疑问，越王勾践在这一屈一伸之间，充分展现了他善于攻心的智慧。在需要委曲求全的时候，他数年如一日地在吴王面前伏低做小，让自己卑微到了尘埃里；而回到越国后，他不遗余力地发展国家，使越国不断壮大。正是勾践这种能屈能伸的处事手段，使得吴王渐渐放松警惕，将他放回越国，从而造就了越国后来的强大。显然，越王勾践消灭吴国的经历，也反映了这条攻心法则的非凡之处。

第四章　直意曲达：以迂为直，曲径通幽

25. 圆润变通：以曲为直，直则成曲

【简译】

看似直达的路径未必能达到目的，迂回前行反倒是更好的方式。

【引申评论】

《道德经》中说："曲则全，枉则直。"这条攻心法则旨在强调做人要懂得变通。它是我们在人际交往中如鱼得水的保障，也是我们与现实环境和谐共处的必备技巧。

适者生存同样适用于人际交往。很多时候，我们无法改变他人的性格和习惯，只能改变自己以适应对方的言行举止，从而避免不必要的矛盾和冲突。这其实是一种变通的艺术。如果不懂得这种交往技巧，常常会在无形中拉开与他人之间的距离，使自己陷入尴尬的境地。反之，如果我们能够先了解对方的情况，再根据情况寻找适当的交往方式，彼此之间就会更加默契，自然也能逐渐亲近起来。正如《宋史·赵普列传》中所说："事不凝滞，理贵变通。"此语意思是做事应当灵活多变，要善于根据事物的不同变化，采取相应的变通方式。可见，在交际中，唯有懂得变通，才能成为人人羡慕的交际达人。

不仅如此，学会变通还可以化冲突为和谐，变危机为契机。即使处于

剑拔弩张的环境中，它也能充当缓和剂，帮助我们摆脱困境，并与对方搭建起友谊的桥梁。对此，《周易·系辞下》中有类似的阐述："穷则变，变则通，通则久。"意思是当事物发展到极致时便会发生改变，而改变又能让事物不受环境的束缚，持续发展下去。在人际交往中，我们难免会与他人产生分歧或争执，这时事情往往会陷入僵局，难以推进。唯有适当地变通，才能打破这种僵局。因此，遇事不能一味认死理，要懂得变通，及时与他人沟通，寻找问题产生的原因，并找出解决办法，这才是解决问题的正确方式。

人生不会始终一帆风顺，难免会有此路不通的情况出现。这时，我们应当学会变通，做人圆融一些，做事灵活一些，从而寻找另一条路、另一个契机。比如，当遭遇犯罪的坏人时，我们不妨联合周围人一起抵抗，利用团结的力量为自己解决问题，从而逃脱困境；面对陌生的客户，我们不妨放弃从正面说服，转而将目标转为对方身边的亲人，往往更易获得成功。那么，如何才能学会变通呢？我们可以从以下几个方面入手。

一是要不断学习。学会变通并不是一件简单的事，它需要以丰富的知识和经验来支撑。

二是要跳出思维定式。想问题不能用单一思维，而应当多角度地去假设、去分析。

三是要学会审时度势。我们要懂得顺应事物的发展规律，做出相应的改变。

【事典】攻心计之刘晏灵活变通救大唐

755年，唐朝爆发了"安史之乱"，自此之后，经济开始大幅度萎缩，直至空虚的国库无法支撑国家的运转。为了挽救经济，小时候有"神童"

第四章　直意曲达：以迂为直，曲径通幽

之名的刘晏（718年—780年）被任命为户部尚书，承担起挽救国家经济的重任。

刘晏一上任，便开始大刀阔斧地进行改革，实施了恢复漕运、改革盐政等经济策略。但他的户部尚书之职却并不稳固，经常面临许多棘手的问题。尤其是在唐德宗在位期间，由于他掌管全国的赋税收入和各地的经济转运，不仅手握重权，整个国家的财富也由他进行分配，因此，许多权贵大臣对他心生忌妒，总想从他手中分得一杯羹。为了达到目的，权贵大臣们常常推荐自家子弟给刘晏，希望他能给安排一份体面的工作。

面对权贵大臣们的逼迫，刘晏一时不知该如何是好。他深知这些权贵的实力，如果自己处理不当，恐怕用不了三天，自己便会从户部尚书的位置上被撤下，并从此在长安城中消失。然而，如果他答应这些人的要求，接纳那些只懂享乐的富贵子弟，并给予他们高官厚禄，那么自己的户部尚书也就做到头了。因为这些膏粱子弟根本不懂财政工作，最终只会让经济衰退，最后承担罪责的还是他自己。这件事真是令他左右为难。

为此，刘晏苦思冥想多日，终于想出了能一举两得的方法。一方面，那些被推荐过来的权贵子弟，他来者不拒，尽数接纳。虽然给予他们较高的官职，却不分配任何实际工作，所有事务仍由他精心挑选的官吏来处理。这样一来，权贵子弟们既有官位，又有丰厚的薪水，还不用从事枯燥乏味的财务工作，同时可以积累升迁的资历，他们又岂会不满意？果然，权贵们对此欣然接受，认为刘晏很给面子，从而大力支持他的工作。另一方面，刘晏给手下那些实干的官吏们丰厚的奖金。他们大多出身平凡，对官职升迁本无过高期望，有了足以养家糊口的收入，便更愿意全力以赴投入工作。

就这样，刘晏凭借灵活的变通手段，平衡了各方利益，赢得了权贵与实干官吏的支持，使得改革得以顺利推进。唐朝的经济终于得到了恢复和发展，渐渐走出了国库无钱可用的窘境。

【评注】

显而易见，刘晏为唐朝的经济做出了巨大的贡献，而他的巧妙变通在其中起到了重要作用。故事的开端，刘晏面临着巨大的困境：唐朝经济衰退，他临危受命，进行挽救。然而，在实施过程中，他却遭遇了权贵大臣们的威胁，他们企图将自家子弟安插进来分一杯羹。一方面是他得罪不起的朝中权贵，另一方面是刚刚有些起色的国家经济，这让他左右为难。他很清楚，无论选择哪一方面，另一方面都会对他造成不小的打击。

对此，善于攻心的刘晏决定采取灵活变通的策略，给予权贵子弟高官厚禄，却不让他们接触重要的工作，而是将这些要务分派给那些务实的手下。这样一来，权贵子弟们既得到了利益，又不用付出劳动，自然乐得清闲。为了激励那些实干的手下，刘晏提供了丰厚的奖金，让他们能够安居乐业，他们也乐意至极。就这样，刘晏在轻松解决了难题的同时，也获得了双方的大力支持，使他在提振大唐经济的道路上畅通无阻。可见，这条攻心法则不仅能让我们在交际中如鱼得水，也可以帮助我们走出困境。

第四章　直意曲达：以迂为直，曲径通幽

26. 隐藏目的：欲取先予，欲攻先守

【简译】

要想有所收获，必须先有所付出；要想发起进攻，必须先做好防守。

【引申评论】

《道德经》中说："将欲取之，必固与之。"这条攻心法则不仅教会我们取舍之道，还揭示了人际交往的真谛：适当隐藏自己的真实目的，往往能帮助我们更快获得成功。

所谓舍得，是先舍而后得，而不是先得后舍。生活中，我们常常以为自己占了便宜，但实际上，却让自己失去了更多。比如，买了廉价的化妆品，可能会损害肌肤；选择便宜的食物，可能会影响身体健康。因此，千万不要因为眼前的一点蝇头小利而酿成大错，否则，待到后悔之时，一切都已来不及。有舍有得，不舍不得，大舍大得，小舍小得。古往今来，无数事实告诉我们，不懂得割舍的人，往往最后什么都得不到。因此，在与人交往的过程中，我们要戒掉斤斤计较的坏习惯，舍弃眼前的小利，着眼于长远的、更大的利益。

除此之外，这条攻心法则还暗示我们要懂得以舍为手段隐藏目的，从而获取自己真正想要的得。为什么要隐藏目的呢？因为过早暴露自己的真

实意图，往往会给他人可乘之机，从而导致我们丧失引导事态发展的主动权。也许有人会觉得，这种手段太过迂回，但它却是我们获得最终胜利的有力保障。对此，《周易》中也有类似的观点："君子藏器于身，待时而动。"意思是君子不会炫耀才能，而是将其隐藏在心中，在适当的时机才会展示。可见，适时地隐藏目的，非但不是愚蠢的做法，而是一种攻心的智慧，它能帮助我们洞悉事态的发展，分析我们与他人之间的根本利益关系，从而让自己占据优势地位。

然而，隐藏目的要因人而异。对于那些真心实意的朋友，我们没有必要躲躲藏藏。只有在面对心怀叵测之人时，我们才应当隐藏自己的真实意图，以扰乱对方的部署。例如，在与竞争对手谈判时，我们可以隐藏自己的真实想法，向对方抛出一个"烟雾弹"，使其无法确定我们的目的；在面对难缠的客户时，我们不妨收起急于成交的意图，漫不经心地与对方"打太极"，甚至还可以适当透露一点假消息，让对方以为失去优势而变得急迫。显然，要想学会这招攻心计并非易事。对此，我们可以从以下几个方面开始入手练习。

一是要学会让对方"表演"。将展现的机会留给对方，便于我们更好地隐藏。

二是要学会释放"烟雾弹"。用其他目的来掩盖自己的真实目的，以此扰乱对方的判断。

三是要学会利用假消息迷惑对方。不经意间透露一些对自己有利的虚假信息，给对方增加压力。

【事典】攻心计之荀息以珍宝夺两国

春秋时期，晋献公（？—前651年）即位后，开始扩充军队，要扩张

第四章 直意曲达：以迂为直，曲径通幽

领土。为了夺取崤函要地，他决定南下攻打虢国，但进攻虢国必须经过虞国。他非常担心虞国不愿意借道。正当晋献公发愁时，晋国大臣荀息对他说："大王，如果您愿意将垂棘出产的名贵玉石和屈产所出的良马，全都奉送给虞国国君，然后再向他借路，我想，看在这些珍宝的面子上，他应该会答应让我们通过。"

晋献公听后，有些犹豫地说："垂棘之玉是我家祖传的宝贝，而屈产的宝马则是我心爱的坐骑啊！如果虞国国君收下了这两件礼物，却依然不肯借路给我，那又该怎么办呢？"

为了让晋献公放心，荀息分析道："如果虞国的国君不愿意借路，那他一定不敢接受我们的礼物；如果他收下了这些东西，就一定会借路给我们。至于这两件宝物，您也不用舍不得，因为它们不过是暂时寄存在虞国国君那里罢了，迟早还是要归还给您的。"

晋献公听完这话，疑惑地看着荀息，问道："这话怎么说？他能这么好心？"

荀息笑着回答："虞国的国君自然不会如此好心，但我们可以自己拿回来呀！只要我们攻下虞国，到时候整个国家都是我们的，更何况那两件宝物呢！"

荀息的一番解释，令晋献公豁然开朗，于是决定就按照荀息的计谋行事。

虞国国君见到这两件珍宝后，十分心动，打算同意晋国借道。这时，虞国大夫宫之奇出面劝阻说："大王，您不能这样做呀！虢国是我们的邻国，与我国唇齿相依，一旦没有了嘴唇，牙齿迟早也会掉光。长期以来，我们两国在危难之际总是互相援助，这并不是为了获得好的名声，而是因为我们互相需要。现在，如果您同意晋国借道，让其攻打虢国，那么，一

旦晋国灭掉虢国，我们虞国也将很快被其吞并。这是一件非常危险的事情啊！"

无奈，虞国国君由于内心的贪念，舍不得放弃晋国赠送的宝玉和良马，不听宫之奇的劝阻，最终还是为晋国让出了一条攻打虢国的必经之路。不出所料，晋国凭借其强盛的国力，很快就消灭了弱小的虢国。在晋国军队班师回朝时，顺便又灭了毫无准备的虞国，而荀息也特意从虞国带回了宝玉和良马，当面归还给了晋献公。

【评注】

"假途灭虢"的故事源于《左传·僖公二年》。在故事的开端，荀息向我们展示了他的攻心计：为了让虞国国君给晋国军队让道，他向晋献公提议赠送虞国垂棘玉石和屈产良马，并告诉晋献公，这些珍宝可以轻而易举地拿回来。实际上，荀息不仅想要攻取虢国，他也觊觎虞国的领土。于是，他隐藏了自己的真实意图，先给虞国国君一些甜头，让对方觉得自己占了大便宜，然后再反手灭掉虞国，拿回属于晋国的两样宝物。

反观虞国，虞国国君在面对晋国赠送的两件珍宝时，贪图眼前的蝇头小利，不顾忠臣的劝告，一意孤行，将国家大义置之不顾，坚持给晋国的军队让道，结果招致亡国的巨大灾难。这就是我们常说的因小失大。通过晋献公与虞国国君的强烈对比，我们不难看出这条攻心策略的实用性、重要性和独特价值。

第四章　直意曲达：以迂为直，曲径通幽

27. 拐弯说话：旁敲侧击，点到为止

【简译】

从侧面切入交流，让对方领会意图。

【引申评论】

《聊斋志异·新郑讼》中提到"旁敲侧击"，比喻说话或写文章不从正面直接说明，而从侧面曲折表达。当它与"点到为止"结合在一起时，便构成了人际交往中一种常见的委婉的表达方式，能够有效减少双方沟通中的矛盾和冲突。

生活中，人们倾向于与真诚、实在的人交流，因为他们会实话实说，不会故意"兜圈子"或刻意隐瞒。对此，《史记》中说："忠言逆耳利于行。"然而，直言快语却是一把"双刃剑"。在某些特定场合下，实话实说可能会让人感到尴尬，甚至伤害他人的感情，从而引发对方的逆反情绪，使他们排斥这些话。如此一来，这场交谈便变得毫无意义。可见，直言不讳的沟通效果并不理想，轻则损害人际关系的和谐，重则导致不必要的摩擦。这种交流方式显然违背了言语交际的初衷。

在人际交往的过程中，有些话必须说，但需要用委婉的方式来表达。对此，古语中有类似的阐述："位卑谏勿直，直谏君心疑。"意思是地位低

微者说话不要太直接，过于耿直的话语可能会引起他人的猜疑。很多人声称喜欢"直来直去"，但内心未必如此。一旦谈话涉及他们的切身利益，他们可能会心生不快，从而导致双方关系破裂，甚至反目成仇。因此，在与他人对话时，一定要学会委婉表达，有些话不妨绕个弯再说，即有意避开中心议题和基本意图，采用迂回的方式进行旁敲侧击，直到对方明白自己的意图为止。

很多时候，"旁敲侧击，点到为止"的表达方式更有利于彼此之间的沟通。比如，在批评犯错的下属时，与其一味责骂和怪罪，不如试着引导对方发现自己的问题，以促使其主动承认错误。面对客户提出的无理要求，可以将无法答应的责任推给公司的规章制度，从而减少对方的怨气。那么，如何才能更好地运用这一攻心法则呢？我们可以从以下几个方面入手。

一是要顾及他人的感受。避免出现那些可能让对方反感的话题、行为和说话方式等。

二是要保持观点的一致性。不能想说什么就说什么，而是要始终围绕同一个观点进行阐述。

三是要体谅和尊重他人。即便对他人的观点不认可，也不应当面指责，而是应该耐心引导。

【事典】攻心计之刘恭巧言说服刘秀

建武三年（27年），刘秀（公元前5年—57年）亲自率领大军前往宜阳，截断了赤眉军的退路。赤眉军的小皇帝刘盆子惶恐不已，六神无主地对哥哥刘恭（？—52年）说："我们虽然还有十万大军，却早已是惊弓之鸟，根本没有能力再继续打下去。我思索良久仍不知该如何应对，现在只能依靠兄长来拯救我了。"

第四章　直意曲达：以迂为直，曲径通幽

刘恭非常聪明，他点头说："继续打下去对我们没有好处，现在保命才是最重要的。刘秀与我们是宗亲，请允许我诚恳地向他求情，希望他能给我们和这十万大军一条生路。"

刘恭将自己的提议告诉了大家，有人忧心忡忡地说："这个建议虽然很好，但恐怕刘秀不会同意。现在对方明显比我们强，不像以前我们比他强。为了消除隐患，他怎么可能真心饶我们不死呢？与其受到侮辱且无法免去死罪，还不如与他拼死一战。"

听完这话，大家都犹豫了，刘盆子更是放声大哭。刘恭见状，开口说道："为了十万将士的性命，我仍然主张恳求刘秀开恩。若事情不能如我们所愿，我必定与你们一起死战到底。"

于是刘恭去见刘秀，在说明归降之意后，他继续说："陛下想知道自己为什么能有今日的成就吗？"

刘秀轻轻一笑，说："你一个失败的人，有什么资格来评说朕？"

刘恭又说道："赤眉军曾有百万将士，却依然起义失败，陛下不想知道其中的原因吗？"

刘秀一听这话，神情忽然变得严肃起来，说："早就听说你足智多谋，朕允许你说一说赤眉军为什么会失败。如果你敢花言巧语地哄骗朕，朕一定会严加治罪。"

刘恭苦笑一声，说道："赤眉军残暴不仁，百姓怨声载道，终究成不了大事。陛下仁爱谦和，深受百姓拥戴，这才有了今天的成就。陛下已经取得了天下，若能再施行仁政，赦免我们这十万大军的罪，不仅彰显陛下的美名，还能平息战乱。陛下觉得我的这个建议如何？"

刘秀脸上不动声色，心里却早已认同了刘恭的话。他故意反驳道："你们现在是因为没有能力再打下去，才会主动投降。倘若这只是一时的权宜

之计,朕岂不是上了你们的当?"

刘恭见自己的意思已经表达清楚,便没有再多说,只说道:"王莽残暴不仁,才导致天下大乱。他屡次用武力残害百姓,终遭报应。我的话已说完,全凭陛下裁断。"

最终,刘秀被说服,不仅赏赐了刘盆子丰厚的财宝,还让他在赵王手下担任官职。

【评注】

不可否认,刘恭是一个谈判的高手。他不仅能够旁敲侧击地表达自己的意图,还能在清楚地传达意思后适可而止。故事的开端为我们展示了他所处的困境:赤眉军面临失败,首领刘盆子向他求助,希望他能保全十万大军。刘恭临危受命,去向刘秀请求赦免,但又担心对方不会轻易放过他们这些人。面对如此紧张的局势,刘恭深知劝服刘秀并非易事,更何况历代皇帝对待乱臣贼子都从不手软,刘秀又怎会轻易答应放过他们?

对此,善于攻心的刘恭一开始并没有直奔主题,而是从侧面询问刘秀是否知道赤眉军失败的原因,以引起对方交谈的兴趣。待刘秀上钩,刘恭顺势引出"仁政"的观点,劝说刘秀放赤眉军一条生路。当刘秀提出反驳时,刘恭没有强辩,而是在表达清楚意图后点到为止,给对方留下思考的时间。刘恭这一系列的话术,看似将主动权交给了对方,实则已经达到引导对方的目的,使其跟着自己的思路去思考问题,从而获得成功。可见,这种攻心策略在说服他人时颇具成效,尽显智慧与谋略。

第四章 直意曲达：以迂为直，曲径通幽

28. 欲扬先抑：微排其所言，而捭反之

【简译】

稍稍贬抑他人所说的话，从对方的反应来了解其意图。

【引申评论】

《鬼谷子》中说："微排其所言，而捭反之。"这条攻心法则意在强调，有时适度打压别人，了解对方的想法后，更有利于我们达成目的。这是交际中常见的激将法，既实用又有效。

相信不少人都有这样的经历：当我们摆出求人的姿态，想请求某人为我们办事时，对方往往会拿乔，这无疑增加了办事的难度。要知道，人的行为不仅受理智的支配，也会受情感的驱使。因此，当我们无法说服对方时，不妨采取欲扬先抑的策略，用激将法使其抛开理智，凭一时的情感冲动去行事，这样一来，我们的目的就容易达成。对此，《西游记》中有言："请将不如激将。"在与他人交往的过程中，如果我们不能从正面说服他人，不妨反其道而行之，采用反对或排斥的方法激起对方的胜负欲，使其暴露弱点，而我们可以抓住这一弱点，来达到自己的目的。

实际上，自古以来利用激将法取得胜利的聪明人不胜枚举。正如《增广贤文》中所说："人争一口气，佛争一炷香。"每个人的骨子里都有一份

倔强，只是各自的目标不同而已。如果我们能够抓住他人心理上的这一弱点，适当地运用激将法，就可以激发对方的好胜心，使其落入我们设好的"陷阱"。因此，在与他人相处的过程中，我们要学会灵活运用激将法。即使是求人办事，一味低声下气、迁就忍让，也未必能够达到目的；相反，适当地刺激一下对方的内心，对方为了争一口气，很可能就会朝着我们期望的方向前进。然而，激将法虽然好用且实用，但要确保成功却并非易事。这需要我们深谙人情世故，了解他人的性格、情感和心理，否则可能会适得其反。

生活中，运用激将法取得成功的例子俯拾皆是。例如，在面对性格强势的下属时，我们可以将自己的目的反过来表述，以激起对方的挑战欲，促使其努力完成任务；而对于孩子的叛逆行为，我们也可以采用正话反说的策略，利用他们的叛逆心理，使其按照我们的安排行事。激将法虽然有效，却不能过度使用，否则会引起他人的反感。对此，我们需要注意以下几点，以避免激将法反噬自身。

一是不要对老谋深算、理智之人使用，他们不易中计。

二是不要对自卑、怯懦之人使用，这类人需要的不是打压，而是持续的鼓励。

三是要把握好刺激的尺度，既不能打压得太狠，也不能轻飘飘地一语带过。

【事典】攻心计之诸葛亮激孙权合作

东汉末年，曹操（155年—220年）统一北方后，开始率领大军向南征战。曹军所向披靡，一举将刘备赶出荆州。刘备自知实力不足，唯有与东吴的孙权（182年—252年）联手，才能与曹操抗衡。为此，诸葛亮主

第四章 直意曲达：以迂为直，曲径通幽

动提出前往江东游说，劝说孙权联合抗曹。

岂料诸葛亮见到孙权后，并没有放低姿态、卑微求和，而是反其道而行之。

作为主人，孙权首先开口道："听说你家主公最近在操练士兵，准备与曹操决战，是不是已经掌握了曹操的虚实？"

诸葛亮回答："我家主公势单力薄，如何能跟拥有百万雄师的曹操相抗衡？"

孙权一听这话，立刻询问："他曹操是真有这么多兵马，还是在虚张声势？"

诸葛亮答道："他的确有兵马百万，甚至还不止这些。我之所以少说一些，是怕吓坏你们。"

孙权接着询问："曹操已经攻下荆州和襄阳，依你之见，接下来他会怎么做？"

诸葛亮回道："曹操现在就驻扎在江边，他想攻打江东的意图已经很明显。"

孙权顺势问道："那以先生之见，如果曹操真打过来，我是该战还是该降呢？"

诸葛亮回答："如何对待曹操，现在就看孙将军的兵力了。如果有实力与之抗衡，那就可以大战一场；如果没有这个实力，还是趁早向曹操俯首称臣，以免遭受更大损失。"

孙权听了这话，脸色明显不太好看，于是反问："那刘备为什么不选择投降？"

诸葛亮答道："将军知道齐王田横的故事吗？在汉高帝招降时，为了不向对方俯首称臣，他毅然选择了自我了断。我家主公人品同样高贵，更

何况我家刘皇叔还是皇室后人,他谦恭守礼,待人以仁,深受大家敬仰,来投靠他的优秀人才不计其数。无论大业成败,那都是天意不可违,又岂能屈居于人下?"

孙权听完这番话,气得拂袖而去,转身回了后堂。大臣鲁肃见状,赶紧前去劝说,并将诸葛亮也请进了后堂。诸葛亮见到孙权后,先是道歉,然后说道:"曹军虽然人数众多,但他们从北方长途跋涉而来,早已疲惫不堪,所以无须畏惧。此外,曹军大多是北方人,不善水战。如果我们能够联合起来对抗曹操,就一定能够取得胜利!"

孙权听了这话,心情愉悦,于是同意联手抗曹。随后,便打响了著名的赤壁之战。

【评注】

"诸葛亮说吴侯"的故事源自《三国演义》。故事的开头描绘了对刘备一方十分不利的谈判形势:刘备被曹军打败,失去了荆州,形势十分不利。他只能寄希望于与东吴的孙权合作,共同对抗曹操。孙权不仅拥有江东的百姓和十万精兵,还有长江作为天然屏障,完全可以袖手旁观,任由刘备和曹操交战,自己则坐收渔人之利。显然,刘备渴望能与孙权联手抗曹,但孙权并不愿意参与他们之间的斗争,只想保存实力,待他们两败俱伤时再"捡漏"。在这种双方关系不对等的情况下,诸葛亮主动请缨前往东吴进行谈判。

对此,善于攻心的诸葛亮并没有按照常规做法低声下气地请求孙权,而是采用了欲扬先抑的策略,不断打压对方的气势。首先,他告诉孙权,曹操的兵力不止百万,从实力上给予对方压力,从而激起对方的斗志;其次,他提出让孙权投降的建议,同时极力赞美自己的主公刘备,通过鲜明的对比，使对方不得不奋起迎战；最后，他才提出"一起合作，必能打败曹操"这一终极目标。这一环扣一环的话术让孙权应接不暇，最终同意联手抗曹。诸葛亮的成功游说，堪称激将法的经典案例，充分彰显了这条攻心法则的卓越效用。

29. 出其不意：围魏救赵，攻心解困

【简译】

以围攻魏国之策援救被困的赵国，从心理上击溃对方以破解困局。

【引申评论】

所谓"围魏救赵，攻心解困"，是指在面对困局时，出其不意地攻击对方的弱点，迫使对方无暇再进攻。可见，这条攻心法则是在"奇"字上做文章，让自己快速摆脱困境。

"围魏救赵"源自《史记·孙子吴起列传》，是古代战争中经典的军事策略。简单来说，它的主旨就是"曲线救国"。在现实生活中，当我们处于人际交往的劣势时，与其硬着头皮迎难而上，不如另辟蹊径，先化解对方的敌意，再逐步建立起联系。《三十六计》中对"围魏救赵"的阐述也与此相似："共敌不如分敌，敌阳不如敌阴。"意思是，攻打力量集中的强敌，不如先分散敌人的兵力再进行攻击；进攻敌人最强的地方，不如去打击敌人的薄弱之处。也就是说，当我们正面迎敌毫无胜算时，不妨尝试从侧面，甚至是反面寻找对方的"软肋"，再逐一击破，这样更容易达到战胜对方的目的。

那么，怎样才能找准对方的"软肋"呢？这就需要我们好好解读一下

第四章　直意曲达：以迂为直，曲径通幽

"攻心解困"！

很显然，"攻心解困"的重点在于"攻心"。日常交往中，攻心或许并不需要太高超的技巧，但在某些特殊的人际关系中，要想做到这一点却并非易事。比如在面对客户刁难或商业竞争时，我们需要从他人不易察觉的细微之处精准把握对方隐匿的弱点。说白了，就是要以奇制胜。对此，《孙子兵法》中说："攻其无备，出其不意。此兵家之胜，不可先传也。"所以，当面对人际交往的困境时，我们不妨先避其锋芒，换一种思路去寻找突破口，只要能打开一个缺口，困局自然也就不攻自破了。

不难看出，这条"围魏救赵，攻心解困"的策略，非常有利于我们改变交际中的逆境。例如，面对警惕心较强的陌生客户，可以从他身边的亲友入手，寻找合作的契机；对于同事的刁难，可以寻找对方工作上的漏洞，使其停止刁难，专心于自己的工作。类似的情况不胜枚举，这些都是该策略能够有效破局的证明。但需要注意的是，要想充分发挥这条策略的效果，我们还需从以下几个方面努力。

一是要善于观察周围的环境变化，从细枝末节处发现对方的弱点。

二是要有充分的信心去部署和实施自己的计划，从而做到绝地反击。

三是要具备足够的才智与远见，在解困后及时进行下一步的行动。

【事典】攻心计之孙膑曲线救国

战国时期，魏国在变法之下迅速崛起，不断发展壮大。公元前354年，魏国出兵围攻赵国国都邯郸，赵国四处求救。

正当赵国焦头烂额之际，派去齐国的使者带来了好消息：齐国愿意出兵八万，帮助赵国摆脱困境。虽然齐国是一个老牌强国，但在军事强大的魏国面前，却并无优势可言。要知道，魏军固然远离了本土，但齐军同样是远道而来。更重要的是，魏国早已驻守在邯郸城外，完全能够以逸待劳，而齐军则是劳师远征，士兵们必然精力不济。

军师孙膑认为：如果齐军直接与魏军硬碰硬，后果不堪设想，只有另辟蹊径，才能打魏军个措手不及。于是，当齐军进入魏赵两国交界，领兵大将田忌想直逼赵国邯郸时，孙膑赶紧阻止，并提议："魏国为了攻打赵国，一定派遣了大部分的精兵，现在还留在魏国的士兵，应该是老弱病残居多。齐军可趁机去袭击魏国都城大梁。这样一来，他们在外征战的军队，就不得不回来营救了。"田忌听后大呼妙计，立即带领手下的士兵直奔魏国的都城大梁。

齐军刚步入桂陵地界，孙膑心生一计，对田忌说道："我们其实没有必要真的去大梁。这八万大军浩浩荡荡地来到此地，就足以让魏军撤兵回援都城了。到那时，他们一定会经过桂陵。我们不如就在这里设下埋伏，等魏军到来时，一举歼灭。"田忌立刻依计行事，命令士兵们设置好陷阱，并在道路两侧隐蔽埋伏。

很快，魏国统领庞涓（？—前341年）便得知齐军攻魏的消息，于是立即命令魏军从赵国撤退去救援大梁。由于庞涓想尽快回援，导致士兵们只能快速行军，极为疲惫。因此，当魏军踏入桂陵时，面对齐军突如其来的袭击，他们毫无招架之力，被打得节节败退。最终，魏军死伤惨重，齐军大获全胜。

【评注】

"围魏救赵"是《三十六计》中的第二计。其背景是赵国都城被魏军团团包围。在魏国的威慑下，齐国虽然敢于出兵救援，但依然面临着不敌对方的困境。面对如此棘手的局面，想用常规手段取胜，无异于痴人说梦。

军事家孙膑决定采用"围魏救赵"的策略，先出其不意地给魏军一个"重磅炸弹"，佯装进攻他们的都城大梁，从心理上打他们一个措手不及，以扭转战场上对己方不利的局势。随后，当魏军将目标从攻赵转为回援时，孙膑再出奇招，让齐军留在桂陵以逸待劳，设下圈套等待魏军的出现，进一步改变战场上的态势，将劣势转化为优势，最终赢得了胜利。这一过程跌宕起伏，彰显了攻心者的聪颖与智慧。

30. 声东击西：明修栈道，暗度陈仓

【简译】

表面迷惑敌人，暗地里却进行突然袭击。

【引申评论】

"明修栈道，暗度陈仓"源自《史记·高祖本纪》，这条策略指的是用表面行动来掩盖真实意图，从而达到出奇制胜的效果。这一策略在交际中常常能产生意想不到的效果。

在与人交往的过程中，我们难免会遇到一些顽固不化的对象。他们不仅听不进我们的意见，也看不到我们的努力，甚至在我们还未争取之前，就已经明确表示不愿接受。在这种情况下，无论我们花费多少心思和技巧都无济于事，唯有采取一些隐蔽的策略，才能"曲线救国"。对此，"明修栈道，暗度陈仓"就是一个不错的选择。我们可以先在明面上设定一个虚假的目标，实际上，这不过是我们抛出的"烟雾弹"，用以迷惑对方。然后再暗中行动，即不直接出面或不直接追求目标，而是绕开对方的限制，通过明面上的幌子，使对方放松警惕，接受我们的意图，从而实现真实目的。

古往今来，无论是在战场上还是在商业领域，这种手段都屡见不鲜。

其作用在于让自己看上去毫无企图，或者让对手感觉到攻击性并非来自我们，而是另一个居心不良的人。这样，便能减轻对手对我们的防备和顾虑，从而促进彼此之间的交流或交往。在某些特定的环境中，与其费尽心力地以诚动人、以情攻心，不如直接施展"明修栈道，暗度陈仓"的策略，让他人无法掌握我们的虚实，只能顺着我们的节奏行事。如此一来，我们自然能轻松达到自己的目的。

在商业谈判中，"暗度陈仓"的策略并不少见，人们常能因此大获全胜。例如，面对竞争对手的打压，我们可以表面上佯装反击，暗地里却借机为新品上市造势；面对客户另投他门的情况，我们不妨口头上表示理解，私下里则给予其熟识的客户新的优惠，待这位客户得知消息，自然会再次寻求合作。这条攻心法则虽然实用，但一旦有所疏漏便可能满盘皆输。那么，我们如何才能将它运用得近乎完美呢？不妨从以下几个方面着手。

一是明面上的目标要逼真，行动必须是合情合理的，让对手能够信服。

二是暗地里的目标一定要严格保密，进攻计划绝不能让对手知晓。

三是明暗之间既要有一些关联，却又不能联系得太过紧密，以免被对手识破。

【事典】攻心计之还定三秦

秦朝灭亡后，刘邦、项羽以及其他参加反秦战争的将领聚集在一起，商议如何瓜分胜利果实。当时，实力最强的项羽不顾其他人异样的目光，擅自做主分封土地。同时，他也在思考如何占据对自己最有利的地盘。在这些曾经的盟友中，项羽最忌惮的便是刘邦，因为刘邦虽然实力不算太强，却最难对付。

攻心
跨越千年的精妙心理战术

实际上，他们曾经约定谁先攻下咸阳，谁就在关中称王。项羽原本以为凭借自己的实力，绝对能够拿下咸阳，结果阴差阳错地让刘邦最先进了城。他不愿将如此有利的地盘分给刘邦，便强行用巴、蜀和汉中与其交换，意图将对方困在偏僻的山里。刘邦虽然心有不甘，却由于忌惮项羽的实力，只能领兵而去。在行军路上，刘邦下令将沿途几百里的栈道全都毁掉，这样既能预防有人利用它来攻打自己，也能迷惑项羽，让对方相信自己已经打算驻扎山中，从而放松对自己的警惕。后来刘邦任命韩信为大将军，请他策划向东发展势力、夺取天下的军事部署。

韩信得令后，首先要做的便是拿下关中，打开东进的大门，建立兴汉灭楚的根据地。于是，他派出几百名士兵去修复栈道。不久，驻守关中西部的章邯得到了消息，忍不住大笑道："你们自己烧毁了栈道，断绝了后路，现在又来修复，而且这么大的工程量，只派了区区几百人，猴年马月才能修得完！"因此，他对刘邦和韩信这种愚蠢的行为视而不见。

然而，没过多长时间，章邯接到了紧急情报：刘邦已攻入关中。章邯带兵在陈仓迎战，兵败撤退。然后一再战败。无奈之下，他选择了自杀。随后，驻守在关中东部的司马欣和驻守北部的董翳也相继投降。就这样，刘邦占领了号称"三秦"的关中地区。

原来，韩信表面上派兵修复栈道，佯装要从栈道出击，实际上却与刘邦统率主力部队，暗中抄小路出击，打了章邯一个措手不及，取得了最终的胜利。

【评注】

"明修栈道，暗度陈仓"的故事源自《史记·高祖本纪》。故事开篇展现了一幅钩心斗角的画面：推翻秦朝后，在瓜分胜利果实的过程中，刘邦本可以获得地势最有利的关中地区，却在项羽的逼迫下，不得不退至巴蜀地带。刘邦虽然心中不服，却顺从地领军而去，并且还毁坏了沿途的栈道，以消除项羽对自己的戒心。很显然，刘邦和项羽为了各自的大业，彼此之间相互猜忌且互相防备，都视对方为心腹大患。

　　在这种剑拔弩张的局势下，项羽凭借自身强大的实力，牢牢掌握着事态发展的主动权，这使得处于弱势的刘邦只能忍气吞声。然而，刘邦并没有因此屈服，立志登顶的他委托韩信，让对方大力向东发展，以待来日夺取天下。于是，工于心计的韩信表面上派人去维修栈道，暗地里却悄悄抄小路出击，最后夺取关中。韩信的计谋无疑是成功的，他利用障眼法迷惑敌人，降低他们的警惕和戒备，从而获得了成功。从韩信的成功中，我们不难看出这条攻心法则的智慧。

31. 迂回出击：退以求进，舍以求得

【简译】

后退是为了争取更好地前进，舍弃是为了收获更多的东西。

【引申评论】

《处世悬镜》中说："退以求进，舍以求得。"这是一条充满智慧的攻心法则，既体现了策略性的迂回思维，又蕴含了深刻的人生哲理。

我们先来解读"退以求进"。在人际交往中，过于固执己见可能会引起冲突和矛盾，使关系变得更加紧张。在这种情况下，适当的退让不仅可以缓和紧张的气氛，还能为进一步的沟通和合作创造空间。这里的"退"并不代表软弱和妥协，而是一种充满智慧的忍耐。只有适时地后退，我们才能更好地迂回前进。《道德经》中也有类似的阐述："曲则全，枉则直，洼则盈，敝则新，少则得，多则惑。"意思是，委曲才能保全，弯曲才能伸展，低洼之地可以盈满，旧事物将会更新，目标少些反而收获更多，追求过多反而迷惑。生活中处处存在对立统一的关系，"进"与"退"便是如此。很多时候，以退为进，往往能够更好地攻破人心，达到目的。

"舍以求得"的道理同样深刻。"将欲取之，必固与之"，在人际交往中，我们往往需要通过舍弃一些相对次要的东西来打动人心，以换取更重

要的收益。这种舍弃或许是暂时的放弃,或许是对某些利益的主动让渡。通过舍弃,我们能够赢得对方的信任和尊重,为建立长期、稳定的人际关系打下基础。在这个过程中,舍弃其实也是一种自我提升的过程,它让我们学会权衡得失,懂得珍惜和把握更重要的机会。由此可见,"舍"看似是失去,实则是为了更好地获取。事实上,人生本来就没有完全的得到与失去,有的只是相互转化中的沉淀。

在人际交往中,应用"退以求进,舍以求得"的策略,可以帮助我们更好地处理各种复杂的关系。例如,在商务谈判中,适当的退让和妥协可以打破僵局,促成双方的合作;与朋友交往时,舍弃一些小利益可以赢得友谊和信任;在家庭关系中,退让和包容可以缓解矛盾,增进亲情。不过,在使用这一策略时,我们还需要注意以下几点。

一是要把握好退让和舍弃的尺度,避免过度退让或舍弃导致自身利益受损。

二是要保持真诚和善良,不去欺骗或伤害他人。

三是要坚持自己的原则和底线,不为一时的得失而牺牲长远的利益。

【事典】攻心计之晏子迂回救烛邹

春秋时期,齐国的齐景公(?—前490年)特别喜欢射猎、捕捉鸟。有一次,他得到一只漂亮的鸟,爱不释手,特意安排一个叫烛邹的人来照顾它。烛邹对这份工作尽心尽力,没想到鸟还是逃走了。这可把齐景公气坏了,他立刻命令士兵把倒霉的烛邹绑起来,准备处死。

晏子(晏婴,?—前500年)知道这件事后,急匆匆地赶去求见齐景公,希望他能放过烛邹。然而,晏子非常了解齐景公的脾气,明白如果直接为烛邹求情,很可能会激怒齐景公,使事情变得不可收拾。

果然，齐景公一看到晏子，就怒气冲冲地说："你是来求情的吧，别白费力气了，今天我无论如何都不会改变主意！"晏子却摇了摇头，走到齐景公身边，大声说道："我不是来阻止您的！我看这烛邹确实该杀，因为他犯了三项严重的死罪。现在就让我来宣布这些罪状，然后您再杀了他，让他死得明明白白，岂不更好？"这话正中齐景公的心意，他的面色有所缓和，对晏子点了点头，说："你说吧！"

晏子清了清嗓子，大步走到烛邹面前，瞪着眼睛，厉声说道："烛邹，你这个不争气的奴才，真是不识好歹！我告诉你，你的罪状一共有三条。第一，我们的国君信任你，把自己心爱的鸟托付给你，让你好好地看管，可你却把鸟弄丢了，这是严重的失职！第二，你让我们的国君为了区区一只鸟就要杀人，大臣们会怎么看他？老百姓又会在背后议论他什么？国君的声誉都被你连累了，你得以死谢罪！还有第三条，万一国君为鸟杀人的消息传到其他诸侯国，问题就更严重了，到时候别人不仅会说国君的坏话，还会看不起我们这些臣民，说我们齐国人的性命还比不过一只鸟的价值！"

说完这番话后，晏子长长地喘了一口气，转身面对齐景公说："您看，烛邹这厮真是罪大恶极，死有余辜，请您快把他处决吧！"

此时，齐景公已经冷静下来，他听明白了晏子的意思，不禁为自己之前鲁莽、残暴的行为感到羞愧。之后，齐景公不仅释放了烛邹，还诚恳地对晏子说："关键时刻还是要依靠你啊，你又给我上了一课！"

【评注】

"烛邹亡鸟"这则寓言故事出自《晏子春秋》，一开篇就描绘了极为紧张的场面：烛邹弄丢了国君的爱鸟，而国君"重鸟轻人"，决意要处死

第四章 直意曲达：以迂为直，曲径通幽

烛邹。在这种剑拔弩张的情况下，想要劝谏显然十分困难。若从正面去讲道理，不但无济于事，还可能产生反作用。因此，善于攻心的晏子决定从国君的心理出发，以退为进，先指出烛邹"有罪"，这样就能从感情上消除国君的逆反心理和敌对情绪，为劝谏拆除了第一道屏障。之后，晏子以"宣布罪状"为名，委婉地提醒国君已经犯了大错，如果一意孤行，不仅会影响自己的声誉，还会让臣民蒙羞。话说到这里，国君已经心服口服，晏子劝谏的任务也就圆满完成了。

晏子的攻心术，使齐景公的态度从强烈抵触到不知不觉接纳，最终心悦诚服，其中的变化令人惊叹。尽管晏子从头到尾都没有直接请求"不要杀死烛邹"，却以迂回的方式达到了目的，彰显了善于攻心者的风采和智慧。

32. 借力打力：己争不如借力

【简译】

仅凭自己的个人之力硬争，远不如借助他人的力量。

【引申评论】

《处世悬镜》中说："豪夺不如智取，己争不如借力。"这条攻心法则体现了人们常说的"借力打力"。它不仅能帮助我们节省时间和精力，更是一个人成就大事的重要方法。

每个人都有自己的梦想，然而我们的时间、精力和财力却十分有限，不可能拥有实现梦想的所有资源。这就需要我们争取他人的帮助，巧妙借用外界的资源。对此，《红楼梦》中有言："好风凭借力，送我上青云。"凡是能够将"借"字运用自如的人，往往都能事半功倍。成功者并不是生来就才智超群，而是他们善于借助外力。事实上，聪明的人都善于借助他人的力量来成就自己，因为这能节省不少时间和精力，从而更快地取得成就。鲜有人能断言成功无须"借力"，成功人士多是敢借、能借、会借、善借。

现代社会竞争日益激烈，想要在事业上取得成就，在复杂的人情世故中立足，仅靠单打独斗是行不通的，唯有学会借力打力，借助他人的力量才能实现目标。无论是自己的下属、客户，还是陌生人，只要我们善于借力，使他们心甘情愿地为己所用，就能成就大事。《诗经·小雅·鹤鸣》中说："他山之石，可以攻玉。"借力是成大事者必须具备的能力。不可否认，自食其力的人值得尊敬，但如果我们在自身强大的基础上，同时还懂得借助他人的力量，就会更容易获得成功，甚至是无往而不胜。

世界上最重要的"借"是什么？不是借钱和借物，而是借力打力！比如，面对实力强劲的商业对手，我们大可以与其他同行联合，共同对抗自己的对手，这远比自己单打独斗更易获得成功；对于处处给自己难堪的人，我们完全没必要跟对方正面硬顶，可以看准时机借其他人之手予以回击。然而，学会借力打力却并非易事，这需要一定的方法与技巧，我们不妨从以下几个方面入手，开始学习如何借力。

一是要找到合适的借力对象。这需要认真筛选，确保对方符合自己的要求。

二是要拿捏好打击力度。既不能一棒子打死，也不能太过无力。

三是要找准运用的时机。一味拱火极易引发对方和被借力者双方的不满。

【事典】攻心计之刘盈借"商山四皓"之名

汉朝初期，汉高祖刘邦共有八个儿子，而他与皇后吕氏（公元前241年—前180年）却只生了一个儿子，这个孩子名叫刘盈。由于他是嫡长子，因此被立为太子。刘盈虽然性格软弱，却非常仁义。然而刘邦半生戎马，觉得这个孩子不像自己，因此一直不喜欢他，总想着废掉他的太子之位，改立自己宠爱的戚夫人之子。

吕后得知刘邦的心意后，心慌意乱，于是私下找来张良商议。面对吕后的询问，张良推辞道："这是皇帝的私事，我这个做臣子的怎么能过问呢？"吕后深知自己已年老色衰，根本争不过年轻貌美的戚夫人，所以儿子的太子之位迟早会易主。迫于无奈，她只能不断恳求张良，一定要想办法保住自己儿子的太子之位。

张良在吕后的再三恳求下，实在推辞不过，便说："当今世上有四位德高望重的贤者，人称'商山四皓'。皇上非常敬仰他们，一直想请他们入朝为官。但这四人却不喜欢皇上的性格，认为皇上要么轻慢无礼，要么暴躁易怒，所以隐居在深山中，不愿出仕。如果太子能准备贵重的礼物，以谦卑有礼的姿态请他们到府中辅佐，并时常跟随太子一起上朝，让皇上知道太子有贤人相伴，那么太子便可借助他们四人的影响力来巩固自己的地位。"

吕后听完，立即派人带着太子的书信和丰厚的礼品，谦卑地去迎请四位贤人出山。"商山四皓"见太子谦逊有礼，听说还宽厚仁义，跟他的父亲截然不同，便接受了太子的礼聘。

这一天，刘邦设宴，刘盈奉命参加，"商山四皓"也随侍左右。在宴会上，刘邦见这四人仪表不凡，便询问他们的来历。四人自报家门后，刘邦大吃一惊，惊讶地问道："我曾经寻访诸位贤人多年，你们一直避而不见，为什么现在愿意跟随在太子的身边呢？"

四人齐声回答："陛下轻视、辱骂文人，我们不愿意受到侮辱，所以才选择避开。然而，太子为人仁爱恭敬，尊重文人，大家都愿意为他效力，我们四个老家伙自然也不例外。"

刘邦听后愣了一下，尴尬地说："那以后就有劳各位好好调教太子了。"

从此以后，刘盈的太子之位便稳如泰山，直到顺利继承皇位，成为汉

第四章 直意曲达：以迂为直，曲径通幽

朝的汉惠帝。

【评注】

不得不说，张良是一位攻心的高手，他不插手也就罢了，但凡出手便能直击人心。当吕后第一次来找张良时，他并不想掺和到皇帝的家事中，以免皇帝怪罪自己。然而，面对吕后接二连三的恳求，他若再继续推托便会得罪对方。于是，他给了一个借力打力的建议。他让太子请"商山四皓"出山辅佐。这不仅可以消除皇帝想废黜太子的心思，还能让他们为太子出谋划策，最终太子更能借助他们的影响力来拉拢更多的人。真可谓一举三得！

在巩固太子地位这件事上，张良无疑是成功的。他很清楚刘邦想更换太子的原因，无非是出于个人的喜好，再加上戚夫人的怂恿。然而，他深知刘邦并不是一个昏庸无道的君主，凡事都会以国事为重。因此，他才让吕后去请"商山四皓"出山，借助这四人的贤名，为太子增光添彩的同时，更让刘邦明白一个现实：究竟谁才是大家心目中的太子人选。从故事中不难看出，刘邦从最初对刘盈不满，到最后默认这个儿子有当太子的资格，正因为这条攻心法则的作用。可见该法则的高明与精妙之处。

示之以弱：扮猪吃虎，以柔克刚

每个人心中都有一处最柔软的地方，即使再强势的人，也有他人不易察觉的心理软肋——下意识地同情弱者，这是人的一种天性。因此，我们要善于示弱，巧妙利用自身的特点，去获取他人的同情，攻破他人的心防，进而赢得人心。诚然，疾风骤雨般的手段，有时的确能起到立竿见影的效果。然而，若我们用对方法，以柔克刚，往往会出现更好的效果。要知道，这里的"柔"并非软弱可欺，也不是在处理问题时全无主见，而是一种包容、宽厚的处事态度。它能让我们在得意时收敛锋芒，也能让我们在失意时逆风翻盘。

33. 善于示弱：强大处下，柔弱处上

【简译】

强大的往往处于下位，柔弱的反而居于上位。

【引申评论】

《道德经》中说："强大处下，柔弱处上。"真正强大的人懂得以柔示人。这条攻心法则不仅是人际交往中的金玉良言，更是我们应当领悟的人生哲学。

每个人心里都有一处最柔软的地方，即使再强势的人，也有他人不易察觉的软肋——下意识地同情弱者。同情弱者是人的一种天性。当一个人的同情心得到满足时，他的自尊心也同样能够得到满足。因此，当我们面对较强大的对手时，可以尝试利用对方的同情心理，直击其心灵软肋，用自己看似弱小可怜的形象，去获取对方的怜惜与宽容。正如诸葛亮《将苑》中所说："善将者，其刚不可折，其柔不可卷，故以弱制强，以柔制刚。"以弱制强，实乃出奇制胜的妙招。在与人交往时，我们一定要懂得适时展现自己的柔弱。

很多时候，人们对比自己强的人，往往怀有戒心或竞争心理；而对境遇不如自己的人，却常常心怀怜悯，不仅没有戒备，还很容易被他们的请

求打动，进而满足其需求。这也是为什么女性在交际中显得游刃有余，尤其是那些看似弱不禁风的女性，往往更受他人的青睐。因为无论是男性还是女性，只有在她们面前，才能展现出自己的强大。对此，《淮南子·兵略训》中也提到："示之以柔而迎之以刚。"意思是先隐藏自己的实力装作柔弱，再用强大姿态去应对对手。这既是交际的技巧，也是一种处世的艺术。向他人示弱，并不意味着我们本身软弱可欺，而是对外隐藏实力，对内小心谨慎，以构建更好的人际关系。

然而，示弱也要注意环境与对象，切不可"无病呻吟"地去卖弄，而应当用正确的方法去获取同情心，这样问题可能会迎刃而解。例如，在面对陌生人的刁难时，我们可以表露委屈或哭泣，从而获得周围人的同情和怜悯。对于性格强势的朋友，我们也可以示弱，以激起对方的保护欲，使其不自觉地为我们做些什么。那么，如何才能做到这一点呢？具体而言，我们应当注意以下几个方面的细节，为自己选择最恰当的示弱时机。

一是要优先选择最富有同情心的群体。如老人、部分情感细腻易心软的女性等。

二是必须要"弱"得自然真实。千万不要扭捏造作、佯装，以免适得其反。

三是要展现适度的坚韧。示弱的同时，我们还要表现出自己努力与坚韧的一面。

【事典】攻心计之孟昶示弱智斗权臣

民间流传着这样一个故事。据说五代时期曾有一个小国，高祖死后，儿子孟昶继位，成为了新任的后蜀之主。

孟昶继位时尚且年少，还未树立威望，以致有些权臣认为他软弱可

第五章 示之以弱：扮猪吃虎，以柔克刚

欺。这天，正当他准备退朝时，突然有一人出列高呼："陛下，我乃先帝钦点的托孤之臣，臣请命掌管六军，以保国泰民安，还望陛下恩准！"当孟昶看清说话之人是李仁罕时，胸中的怒火已消除大半，因为他深知对方在朝多年，亲信多，势力大。他在朝中立足未稳，故而李仁罕想趁机揽权。对此，羽翼未丰的他只能暂时示弱，答应了对方的请求。

李仁罕获得权力后，更加目无法纪，横行霸道，不但贪墨公款，还霸占民田、私自建设房屋等。为了获取更大的权力，他又挑唆亲信在朝堂中给孟昶使绊子，以致诸多政令都无法实施。孟昶明知是李仁罕从中作梗，却又忌惮他辅政大臣的身份。无奈之下，孟昶只能再加封他为中书令。从此以后，李仁罕行事更加肆无忌惮，他不但宣称禁军只能听从他的指挥，公然藐视皇权；还私自挪用府库的银两建私宅，全然不顾底下人的死活等。在这期间，他甚至时常向人透露皇帝不久会封他为公。

然而，数月过去，李仁罕始终没有得到自己要被封公的消息。这天，他终于等来了皇帝的传召，于是趾高气扬地进了宫。岂料，李仁罕还没下跪行礼，就被侍卫们当场拿下，他当即大叫道："臣犯何罪？"孟昶一一细数了他所犯之罪。此时，他才如梦初醒，连连高呼："陛下饶命！"然而已经羽翼丰满的孟昶又岂能轻饶他，立刻就下令将他拖出去斩首。

就这样，孟昶终于除掉了李仁罕这个心头大患，逐渐稳定了朝中的局势。

【评注】

作为少年继位的帝王，孟昶无疑是优秀的。他的优秀得益于他洞察人心的睿智。在故事的开端，孟昶处于劣势，羽翼未丰的他面对嚣张跋扈的权臣们，无异于"小孩拿着金子上街"，只能小心谨慎地步步为营。因此，

在拥有辅政大臣身份的李仁罕面前，他只能露出自己软弱的一面，对于他的逼迫一再退让，静待时机。

孟昶的示弱无疑是成功的：一方面消除了李仁罕的疑心，使其变得更加肆无忌惮；另一方面也掩盖了自己暗地里的行动，逐渐为自身积蓄实力。而在孟昶的有意放纵下，李仁罕也愈发膨胀，罪行越来越重，仇恨越拉越多，这便给了孟昶除掉他的机会。孟昶通过"示人以弱"既除掉了朝中的害群之马，又巩固了自己的皇权。可见，适当露出自己软弱的一面，不仅是一种交际的技巧，也是处于劣势时逆风翻盘的妙招。

34. 隐藏锋芒：藏巧于拙，用晦而明

【简译】

要学会将灵巧隐藏在笨拙里，将锋芒收敛于暗处。

【引申评论】

《小窗幽记》中说："藏巧于拙，用晦而明。"这条攻心法则指的是做人要懂得隐藏锋芒。它既是社交的一种精妙手段，也是我们立身处世的重要准则。

韬光养晦，厚积薄发。古人用宝贵的经验告诉我们：无论身处何时何地，千万不能过于显露锋芒。因为自身的优秀，很可能会威胁到他人的利益，从而令对方处心积虑地对付我们。反之，如果我们懂得隐藏锋芒，便不会引起别人过多的关注，从而可以安稳地积攒实力，成长为不可撼动的参天大树。对此，《运命论》中也说："木秀于林，风必摧之……行高于人，众必非之。"在人际交往中，有不少自以为是的人，处处都要显得比别人强，殊不知，自己越是表现得强大，就越容易招致猜忌，受到他人的攻击。因此，我们要懂得收敛锋芒，巧妙掩藏自己的优势，隐而不发，这样才不至于成为众矢之的。

人生有高潮亦有低谷。无论是处于高位，还是已经跌入谷底，我们

都要学会隐藏锋芒。一旦贸然显露实力，极易引起他人的警惕，甚至可能遭到攻击。《金人铭》中也有类似的阐述："强梁者不得其死，好胜者必遇其敌。"意思是，做人如果太过狂妄，往往得不到好的结局。可见，我们要学会低调做人，这不仅是一种海纳百川的度量，更是一种韬光养晦的谋略。所以，无论我们有怎样出众的才华，都要谨记：既不要将自己看得过高，也不要将自己看得太重，更不要将别人看得太轻。任何时候都要收敛自己的锋芒，不要成为他人的"眼中钉、肉中刺"，要甘做人人喜爱的"小人物"。

在现实生活中，那些真正有才华和学识的人，往往不愿引起他人的注意和议论，不追求名声，而是默默地耕耘自己的事业。例如，公司里，能力最突出的那个人，可能是话不多但工作量大的人；朋友中，事业最成功的那个人，可能是我们最意想不到的低调之人。那么，如何才能成为这样的人呢？对此，我们不妨从以下几点做起。

一是要保持低调的形象。不穿着奇装异服，服饰保持整洁大方即可。

二是说话要谦虚。不四处卖弄自己的才华，更不可口出狂言，尽量多听少说。

三是凡事不要强出头。把握好出手时机，在未弄清事情缘由前不要做"出头鸟"。

【事典】攻心计之王翦"自污"获取信任

战国末年，秦王为了自己的统一大业，召集大臣与将领们商议吞并楚国的战略部署。在错信李信打了败仗后，秦王又派遣王翦出兵讨伐。为显郑重，秦王在出兵那日，亲自率领文武百官为王翦摆酒送行。饯行后，王翦惶恐地说："请大王赐些良田、美宅与园林。"

第五章 示之以弱：扮猪吃虎，以柔克刚

秦王听后不免失笑，说："王将军乃是寡人的股肱之臣，寡人的统一大业也要仰仗将军出力，寡人今后势必富有四海，将军又何须为财富而忧虑？"

面对秦王的询问，王翦无奈道出心声："臣即使战功再显赫，也难以封侯，所以只有期望大王能多给予一些赏赐了。老臣年事已高，不得不为子孙们着想，希望大王能多赐一些，作为子孙日后的保障。"

秦王听后爽朗大笑，应道："这事不难，将军就以此为目标出征吧。"

王翦出发后，仍然惦记着秦王的承诺，于是不断派使者回去讨赏，直到大军抵达秦国东部边境，他已先后派出五批使者，向秦王传话：多赏赐些良田给自己的儿孙后辈。对此，王翦的部将们都愤慨不已，认为他胸无大志，满身的铜臭味，脑子里只想着替儿孙置办产业。

面对众人的不理解，王翦解释道："你们只看到表面却不知内里，我这样做是为了解除后顾之忧。大王生性多疑，为了灭掉楚国，他将秦国的精锐部队都交给我，这并非出自对我的信任，而是形势所迫。一旦他对我产生怀疑，轻则剥夺兵权，罢免官职；重则不仅灭楚大计会失败，恐怕我和诸位都将性命不保。所以我不断向他索要赏赐，让他觉得我眼里只有钱财，绝无上位的野心。因为一个满身铜臭、一心想为子孙积累财富的小人，不会冒险去谋反叛乱。"

果然如王翦所料，秦王因此打消疑虑，终于相信王翦没有异心，于是放心地让他指挥六十万大军，对楚国发动了战争。仅用了一年时间，王翦就攻下了楚国，完成了对楚国的兼并。

【评注】

不难看出，王翦是一名韬光养晦的高手。手握重兵的他非但没有沾沾

自喜，反而做起了有损自己形象的事情，这是为什么呢？因为他深知秦王多疑，兵权对他而言，不是"登天梯"而是"催命符"，稍有不慎，他与将士们便可能性命不保。面对如此棘手的难题，他果断选择隐藏自己的锋芒，甚至不惜毁坏自己的名声来打消秦王的怀疑。最终，就连他的部将都觉得他满身铜臭，而秦王对他深信不疑，全力支持他作战，使他无后顾之忧。

　　人是应该适当地表现自己，但也要分事件与场合。王翦的聪明之处就在于他懂得必要时收敛锋芒，没有在秦王还未完全信任时肆无忌惮，而是逐渐打破对方的固有想法，用损坏名节去掩盖锋芒，进而消除秦王的猜忌之心。这便是"藏巧于拙，用晦而明"的精彩之处，能悄无声息地改变自己或对方，而王翦的成功，也向我们验证了这一心法在交际中的妙用。

第五章 示之以弱：扮猪吃虎，以柔克刚

35. 学会隐忍：小不忍则乱大谋

【简译】

若在小事上忍受不了，就必然会破坏大事。

【引申评论】

《论语·卫灵公》中说："小不忍则乱大谋。"这条处世法则意在告诉我们要学会隐忍，它是人际交往中的一种自保之术，可以帮助我们更好地安身立命。

每个人都是从弱小逐渐走向强大。当我们实力不足或时运不济时，唯有在竞争对手面前隐忍，才能保全自身，以待来日。《周易·系辞下》中也有类似的观点："龙蛇之蛰，以存身也。"意思是龙和蛇之所以要冬眠，是为了保全自己的性命。可见，在人际交往的过程中，面对不同的环境和对手，有时采用何种手段并不是关键，能够忍耐到最后功成身退，才至关重要。只不过，这里所说的"忍"，并不是毫无底线的退让，而是一种等待，为图大业而等待一个成熟的时机。这种隐忍叫作忍之有道，不是性格软弱、忍气吞声，而是聪明人的攻心谋略，是在身处低谷时隐忍蓄力，以待来日一飞冲天。

这个"忍"字，造得非常残酷——心上插着一把滴血的尖刀。从字面上，我们不难看出一些端倪，即我们在忍耐他人的同时，自己的内心是非常难受的。不可否认，每个人都有自己的情绪，而情绪是一种很抽象的东西，让人捉摸不透。然而，无论多么抽象，我们都要想办法将它牢牢掌控，因为这关系到我们能否在人际交往中从容应对。正如《孟子·告子下》中所说："所以动心忍性，曾益其所不能。"我们唯有忍受无关紧要的小事，才能在保全自我的基础上，积攒足够的实力去谋求大业。因此，对于一个想获得成功的开拓者而言，隐忍不仅是实现既定目标的保障，也是取得更大成功的起点。

很多时候，一旦失败便没有机会从头再来。因此，在形势不利于自己时，我们必须学会忍耐。例如，面对强大的竞争对手，与其以卵击石地正面抗衡，不断消耗自己有限的资源，不如暂时伏低做小，麻痹对方，以图来日崛起；面对同事的排挤和打压，我们不妨适时忍让，让对方愈发膨胀，最终自食其果。必要的忍耐有利于取得成功，这是人际交往中的上策。那么，怎样才能做到这一点呢？我们可以从以下几点入手。

一是要学会适时低头。当自己的实力无法与对方正面抗衡时，我们要学会适度地向他人低头。

二是要有宽阔的胸怀。要想获得最后的成功，我们就必须具备海纳百川的度量。

三是要有恒心与耐力。成功从来不是一蹴而就的，因此我们要学会坚持和忍耐。

【事典】攻心计之李渊隐忍建大唐

隋朝时期，隋炀帝杨广（569年—618年）即位后频繁发动战争，连年的战乱使百姓苦不堪言。再加上他过度追求奢侈淫逸的生活，大量修筑宫殿苑囿和离宫别馆，不但四处抓捕劳工，还增加了繁重的苛捐杂税，以致各地贫苦的农民因实在无法忍受而揭竿起义。

隋朝起义之势一时间风起云涌。不仅如此，许多正直的官员也纷纷倒戈，转而帮助农民起义军。此事一出，原本就有疑心病的隋炀帝变得更加疑虑重重。他对大臣，尤其是镇守一方的重臣，愈发怀疑，稍有风吹草动，便草木皆兵。正因为隋炀帝的不信任，大臣们人心惶惶，生怕引起皇帝的注意。

然而，唐国公李渊（唐高祖，566年—635年）还是引起了隋炀帝的注意。李渊曾多次担任地方官员，他体恤百姓疾苦，每到一个地方，都会悉心结交当地的英雄豪杰，多方施恩，因此他的声望逐渐提高，许多人慕名前来归附。但李渊的这些举动也让大家为他担忧，怕他会遭到隋炀帝的猜忌。果然，隋炀帝下诏让李渊去行宫晋见。

李渊因病未能前往，隋炀帝对此非常不高兴，同时也产生了怀疑。李渊的外甥女王氏是隋炀帝宠信的一位妃子，于是隋炀帝便向她询问李渊未能前来见驾的原因。王氏如实回答说是因为生病了，没想到隋炀帝紧接着又问了一句："会死吗？"

这可把王氏吓坏了，觉得隋炀帝是在盼着李渊死。于是，王氏立即将这个消息传递给李渊。李渊得知后，不得不开始隐忍。他深知如果自己继续下去，迟早会被隋炀帝所不容，但过早起事，自己的实力又不足。唯一的办法，就是先隐忍再等待时机。于是，他故意败坏自己的名声，整天沉湎于声色犬马之中，并且大肆宣扬自己的改变。果然，隋炀帝听到这些后，便放松了对李渊的警惕。

后来，李渊赢得了隋炀帝的信任，晋升为太原留守，这也给了他在太原发展自己势力的机会。隐忍多年的李渊终于等来了机会，他率领三万精兵，通过一场又一场的战争，建立了辉煌的大唐王朝。

【评注】

很显然，李渊忍受的是小损害，而谋求的是天下大业。故事开篇描绘了一幅风声鹤唳的场景：由于农民们不堪重负，纷纷揭竿而起，使得隋炀帝的疑心病越来越重，大臣们都过得战战兢兢，生怕被隋炀帝盯上。正是在这多事之秋，李渊日益高涨的声望让隋炀帝心生忌惮。为了图谋更远大的未来，尚未具备足够实力的李渊，不惜玷污自己的声誉，以打消隋炀帝的疑虑，为自己争取发展壮大的时间。最终，李渊的隐忍得到了回报，他看准时机起兵，凭借自身的实力，建立了唐朝。

不可否认，李渊深谙攻心法则的精髓，将隐忍运用得恰到好处。试想一下，如果当初李渊不懂得隐忍，或者愤怒地与隋炀帝争论，或者鲁莽地带领自己的人发动兵变，都很可能会被隋炀帝送上断头台，哪里还会有后来的太原起兵与大唐的建立。可见，这条攻心法则在能力不足时非常适用，能够为我们争取到发展壮大的时机。

36. 适时沉默：知者不言，言者不知

【简译】

知道的人往往缄口不语，不知道的人才会口不择言。

【引申评论】

《道德经》中说："知者不言，言者不知。"意思是真正有学问的人不会随便开口。这条攻心法则不仅有助于营造和谐的人际交往氛围，更是一种修养和大智慧。

在我们身边，常会出现这样的情形：一个人对你说太多话，你会觉得厌烦透顶；而一直保持沉默的人，你不仅对他印象深刻，甚至还会产生了解的愿望。为什么呢？因为在人际交往的过程中，有些东西藏在心里，便是一种真实、一种深刻，说出来，反而索然无味。对此，《太公金匮》中也说："三缄其口，慎言语也。"君子从不会轻易开口，更不会因一句不公正的批评或难听的辱骂而失去理智。这里的沉默，不是指什么也不说，而是借助身体语言传递信息。凡是细心的人，都能从中读懂对方的态度和观点。

"沉默是金"，这或许不是深奥的人生箴言，却是许多经历过风雨的人所凝聚的智慧。很多时候，即使我们说了千言万语，也不如沉默更有力量。

就像流水从不说话，却能磨平岸边岩石的棱角。可见，大自然并非不说话，而是在适当的时候才发声。人际交往亦是如此，有时，别人并不需要我们说些什么，而是希望有一个安静的倾听者。正如《琵琶行》中所描绘的"此时无声胜有声"。当语言表达受限时，就需要用沉默来传递更深刻的含义。此时，人们才会明白沉默的美、沉默的内涵、沉默的气魄，才会懂得适时沉默的真正意义。因此，在与人交往的过程中，我们应当学会适时保持沉默，让情感在安静的氛围中得到升华。

生活中，有许多时候需要我们保持安静。此时，沉默的力量胜过千言万语。例如，当朋友极度悲伤时，无论多少句话语，都不如一个温暖的拥抱更能令对方感到安慰。那么，我们如何才能做到适时沉默呢？不妨从以下几个方面入手。

一是当对方需要宣泄情绪时，与其不断迎合，不如做一个合格的听众。

二是当觉察到我们的语言可能伤害对方时，一定要及时停止，待彼此都冷静下来后再开口。

三是当肢体语言更能表意时，我们可以选择沉默，用行动来表达自己的态度。

【事典】攻心计之杨修因口舌而亡

东汉末年，才华横溢的杨修（175年—219年）成为曹操的行军主簿。然而，由于他恃才放旷，多次揭穿曹操的心思，最终引起了曹操的猜忌，被曹操杀害。

这一天，曹操去花园游览，觉得这个园子的门太大了，便随手在门上写了一个"活"字。杨修看到这个字后，说门内添一个"活"就是个"阔"

字,曹丞相觉得这门太大了。于是人们对园门进行了改造。曹操得知此事后,虽然感觉这正合自己的心意,却因此对杨修多了几分提防,认为对方过于聪明,万一哪天想对自己不利,自己将难以应付。

此事不久后,有人给曹操送来一盒精美的糕点,曹操在盒子上写了"一合酥"三个字,写完后便因事离开了房间。这时,杨修和几位大臣正好来到曹操房中议事。他一见盒子上的三个字,便对其他人说这是曹操请大家吃的糕点。大家不解,杨修便解释道:"丞相不是写了'一合酥'吗?这三个字拆开,就是'一人一口酥'。"于是,杨修第一个拿起糕点开始吃。曹操听闻此事大笑,但心里对杨修十分厌恶,然而杨修却丝毫没有察觉。

由于曹操身处乱世,杀伐不断,以致积怨甚多,想找他报仇的人也不少,因此他非常害怕睡觉时有人行刺。为了保证自己的安全,他对身边的人说,在他睡觉时,最好不要靠近他的床,因为他有梦中杀人的习惯。然而,曹操的这个心思却被杨修戳破了。

这天夜里,曹操睡着后,被子掉在了地上。一个近侍见状,便上前为他捡起被子盖上。这时,正睡得迷迷糊糊的曹操突然感觉到有人靠近,于是一跃而起,持剑击杀了那名近侍,然后又继续睡去。醒来后,看到倒在血泊中的人,曹操故作惊讶地问:"这是怎么回事?"他身边的随从战战兢兢地回答说,那名近侍是被丞相在梦中所杀。

听到这话后,曹操故作叹息,说道:"我喜欢梦中杀人,却没有想到,这次竟把自己的近侍给杀了。"随即,他嘱咐身边的人,以后在他睡觉时,任何人都不要靠近他。因此,很多人都认为是曹操在睡梦中误杀了身边的近侍。然而,只有杨修知道曹操生性多疑。近侍下葬时,杨修指着他说:"不是曹丞相在梦中,而是你在梦中啊!"

类似的事情多次发生，终于激起了曹操的杀心。后来，杨修再次多嘴，又说中了曹操的心思，于是，曹操趁机以扰乱军心的罪名将杨修杀了。

【评注】

毫无疑问，杨修是有点小聪明的，只可惜，这位自诩聪明的人，却不懂得人情世故。故事的开篇便描绘了曹操的多疑。他因为杨修让人改造园门的举动，就开始对杨修保持警惕，觉得如此聪明之人，自己不好掌控。随后，杨修擅自吃掉曹操房中的糕点，已经让曹操十分不悦，而杨修却依然毫无所觉，我行我素地继续口不择言。

至于所谓的"梦中杀人"，想必曹操身边的人早已知晓，这不过是因为曹操疑心太重而滥杀无辜。然而，别人不愿意捅破那层纸，而杨修却毫不留情地撕下了曹操的伪装，将其奸诈、残暴的一面赤裸裸地暴露在光天化日之下，这又怎能不令曹操恼羞成怒呢？杨修正是因为不懂得适时保持沉默，以致一而再、再而三地得罪曹操。曹操虽然惜才，却不敢在自己身边留下如此隐患。杨修悲惨的结局，恰恰印证了这条攻心法则的重要性，同时也彰显了它在交际中的重要地位。

37. 适度让步：让步为高，宽人是福

【简译】

为人处世，懂得退让一步才高明；待人接物，学会宽容一分才有福。

【引申评论】

《菜根谭》中说："处世让一步为高……待人宽一分是福。"意思是要学会宽厚待人，适当地做出让步。这条处世法则既是化解矛盾的利器，也是我们需要感悟的人生真谛。

生活中不如意的事情，常常十之八九，而在人际关系中，发生矛盾、心存芥蒂、产生隔阂，更是不可避免。这时，交往双方总会存在一定的心理差距，处于不相容的心理状态，甚至可能导致关系僵化。对此，有的人是小肚鸡肠、耿耿于怀，而有的人则是宽宏大量，先退让一步。攻心高手往往会采取后一种态度，因为在他们看来，让步不仅能缓和矛盾，也能化解矛盾。强行争执只有在极端情况下才能消除矛盾，多数时候只会不断激化矛盾。有容乃大，无欲则刚。在与人针锋相对时，不妨以宽容的态度对待，用适度的让步化解矛盾，进而拓展人脉。

所谓难得糊涂，是一种深奥的处世哲学。生活经验丰富的人都知道，很多时候，拥有宽广的心胸远比咄咄逼人更有助于问题的解决。人生短

暂，生活不易，我们在追求拥有的同时，也要懂得适当地包容和让步。正如《增广智囊补》中所说："能容小人，方成君子。"人都可能因一时的冲动、欲望或种种客观因素与他人产生矛盾，一味争来抢去、互不相让，最后的结果往往是两败俱伤。因此，在与他人交往的过程中，在有些事情上，不妨糊涂一些、包容一些，如此既能让自己释怀，也能给他人余地。当产生矛盾的根源不复存在后，冲突自然就能化解。彼此相安无事，岂不更好？

让步不仅仅是一种宽容，更是一种体现自我修养的方式。这绝非懦弱，而是大智大勇之举。比如，当与邻居产生冲突时，如果我们先做出一些退让，对方很可能不再咄咄逼人。通过这次事件，我们能给对方留下有素质的好印象。面对胡搅蛮缠的亲人，与其浪费时间与对方争论，不如宽宏大量地躲避、退让，这样既能避免麻烦缠身，又能留下精力去做更有意义的事情。那么，如何才能做到这一点呢？我们不妨从以下几个方面入手。

一是不要过于斤斤计较。对一些鸡毛蒜皮的小事，我们不妨秉持"退一步海阔天空"的态度。

二是要学会放手，不被琐事牵绊。放下无谓纷扰，我们才能有更多精力去处理重要的事。

三是要保持心态平和，修炼强大的内心。只有内心强大，才能做到宠辱不惊。

【事典】攻心计之宋就浇瓜获盟友

战国时期，梁国大夫宋就曾任边境县的县令。这个县与楚国相邻。

两国边亭的人员各自种了一块瓜田。梁亭的人勤劳肯干，经常给瓜田浇水灌溉，他们种的瓜长势很好；而楚亭的人则好吃懒做，只是偶尔想起来才给瓜田浇水,所以他们种的瓜长势较差。楚亭的人员看到梁亭的瓜田生机勃勃,不由得心生忌妒,于是趁夜色悄悄去破坏梁亭的瓜,导致梁亭不少瓜枯萎而死。

不久,梁亭的人员发现了此事,气愤不已,于是对县尉说:"请允许我们也偷偷去楚亭的瓜田,破坏他们的瓜进行报复。"县尉深知事态严重,因为这件事若处理不当,可能会引发两国边境的战乱,于是他不敢擅自做主,立刻去请示县令宋就。宋就得知后,说:"唉!这都是些什么想法!这种办法只会结怨招祸,倘若真的这样做了,对双方都没有好处。我告诉你处理此事的正确办法:你每天晚上派人去楚亭,偷偷地给他们的瓜田浇水,还不能让他们知道。"

县尉听后惊讶不已,但这是县令的意思,他不敢违抗,只好将县令的话转告给大家。大家更不明白其中的含义,却又不敢不照县令的意思去做。于是,梁亭的人每天夜里前去偷偷地浇灌楚亭的瓜田。楚亭的人每天早晨到瓜田查看时,总能发现瓜田已经浇过水,却不知道是谁干的。渐渐地,在梁亭人的帮助下,楚亭的瓜田长势一天比一天好。楚亭的人十分好奇究竟是谁干的,便开始暗中调查,这才知道竟然是梁亭人干的。

这件事令楚国人大为震惊,他们立即将此事报告给了楚国的边境县令。县令听后十分高兴,于是又将此事上报给楚国朝廷。楚王听到后,感到十分惭愧,深知是自己的人糊涂,做错了事,便对官吏说:"我们的人除了祸害人家的瓜,还有没有犯其他的错?"于是下令彻查。

同时,楚王对梁国人的暗中忍让之举非常赞赏,于是便派人带着丰厚的礼品向梁国边境人员道歉,并请求与梁王交往。从那以后,楚国与梁国的关系越来越融洽。

【评注】

"梁亭夜灌瓜"的故事来自《新序·杂事四》。故事开篇介绍了事件的起因：楚国人由于忌妒而破坏梁国人的瓜田。面对楚人的这般行径，梁人纷纷要求以牙还牙。但善于攻心的宋就认为这会招致祸患，唯有以怨报德，才能更妥善地解决纠纷。果然，楚王得知此事后，主动与梁国示好，两国从此建立了友好关系。

显然，宋就是一个善于攻心的高手。他深知，报复只会使双方关系日益恶化，只有己方先做出适当的让步，才能缓和双方之间的敌对局势。否则，这件原本无关紧要的小事，就会因彼此之间的争斗演变成大事。宋就无疑是充满智慧的，相较于以牙还牙地报复楚国，他更懂得适时让步，以便让未来的道路更加宽广。而宋就的选择，正是这条攻心法则的关键所在，也是消除交际矛盾的有效策略。

38. 刚柔并用：刚柔相济，不可偏废

【简译】

刚与柔要协同使用，才能发挥出最大的效能。

【引申评论】

这条攻心法则虽然简单明了，却道出了人际交往的制胜秘诀。它既是提升交往技巧的"催化剂"，也是我们应具备的一种处世能力。

提到谋略，很多人认为就是让对方服从，即注重从精神上对他人进行震慑、瓦解和征服等。不难看出，这些都是强硬的手段，殊不知，真正的谋略是刚柔相济，由内到外地俘获人心。在刚柔相济的策略中，刚是关键，柔是铺垫，既打又抚，两者相辅相成，共同生威。正如《鬼谷子》中所说："或阴或阳，或柔或刚。"阴阳相互契合，刚柔互相弥补，才能发挥最大功效。可见，我们在刚强的同时还要柔和，只有内刚外柔、软硬兼施，才能达到事半功倍的效果。因此，在与他人交往时，我们不要一味横冲直撞、一味用刚使强。静下心来，依据对方的心理需求，刚柔并用，困难自然会迎刃而解。

生活中，男人的果断、刚强常常为世人所称道，但女人的谨慎、柔和也有其独特的魅力。诚然，有时疾风骤雨般的手段能够立竿见影，但只

要方法得当，以柔克刚，往往会出现更好的效果。需要明白的是，这里的柔并非软弱可欺，也不是在处理问题时毫无主见，而是一种包容、宽厚的处事态度。对此，《三国演义》中也提到："柔能克刚，英雄莫敌。"因此，在与人交往的过程中，我们不应舍弃刚柔相济这一策略，这是对自身优势的充分发挥。一个人只有充分利用自身的优势，培养坚强的意志，力戒脆弱，做到柔而不弱，刚柔相济，才能克服个人的不足，成为交际高手。

实际上，刚柔相济策略的运用并不少见，只要运用得当，它常常能令我们收获颇丰。例如，在商务谈判中，对于性格刚直的对手，我们可以采取和风细雨、循序渐进的方式进行沟通，待发现对方的软肋后再果断出击，往往能取得意想不到的效果。而对于绵里藏针的对手，我们则可以先采取强硬态度，设定较高目标，再适时柔和地与对方商量，等到结果接近或超越目标时收手，从而获得丰硕的成果。那么，我们如何才能做到刚柔并用呢？不妨从以下几个方面入手。

一是要善用"糖衣炮弹"。对于需要示好的人，我们应学会将刚掺进柔里。

二是要巧用心理压迫。当需要立威时，我们应巧妙地将柔融入到刚中。

三是要坚守底线。无论是柔还是刚，我们都必须坚守自己的原则和底线。

【事典】攻心计之吕省软硬兼施迎回国君

春秋时期，秦国和晋国爆发了韩原之战。此战晋军大败，晋惠公被俘。身为晋惠公姐姐的秦穆公夫人得知消息后以死相逼，请求秦穆公释放自己的弟弟。在夫人的苦苦哀求下，秦穆公终于松口，允许晋国派人前来讲和。于是，被扣押的晋惠公便派人从国内请吕省（？—前636年）来秦国接

第五章 示之以弱：扮猪吃虎，以柔克刚

自己。

吕省奉命来到秦国，他意识到，战场上失利，再加上国君又在秦国的手里，他所说的每一句话都关系到国君的安危。接下来他将要面临的是一场举足轻重的外交谈判。

秦穆公在王城接见了吕省。坐定后，秦穆公问道："晋国人近来团结吗？"

"不团结。"吕省一反常态地回答。

"为什么呢？"秦穆公好奇地问。

"国君被俘虏让百姓感到羞耻，他们又哀悼死于战争的亲人，不畏惧征税和练兵，心中想着一定要复仇。而那些做官的臣子，爱戴自己的国君，并且意识到自己的过错，没有辅佐国君打败强敌，因此不愿征税练兵，一心等待秦国最后的决定。无论结果如何，他们都决心报答晋国的养育之恩，即便死去，也绝不动摇。因此，晋国人不团结。"

秦穆公非等闲之辈，又岂会听不出吕省软硬兼施的意思。对方是在告诉自己：若能释放晋惠公，我们会兴高采烈地将其迎回国，到时候，大家皆大欢喜；如果不能迎回旧主，那我们就另立新君，依然同仇敌忾，这个结果就未必有利于秦国了。秦穆公虽然生气，但也不能发作，以免失态。无奈之下，只得转移话题继续问："你们晋国人怎样看待自己的国君呢？"

吕省察觉到秦穆公在转移话题，试探晋国内部对晋惠公的态度，便立刻调整了自己的态度，回答道："小人们不了解情况，只能为国君担忧，认为我们的国君必定会被您处死；君子们则以己度人，认为您必然会归还我们的国君。小人们说：'我们对不起秦国，秦国肯定不会放回国君。'君子们却说：'我们已经认罪，秦国肯定会放回国君。'如果您愿意释放我们的国君，我们一定会铭记这份恩德；如果您让我们的国君受刑以立威，我

们就会同仇敌忾地仇视秦国。我想您一定不会选择后者。"

吕省的这番话尽管听起来温和有礼，却暗藏锋芒。秦穆公权衡利弊后，说道："这本来就是我的意思啊！"于是释放了晋惠公。

【评注】

吕省无疑是一个充满智慧的攻心高手。他在接到这个任务时，就深知接下来的谈判不会轻松。战争的失败暴露了自己国家的弱小，加上国君被对方控制，这等于对方掐住了自己的咽喉。尽管吕省处于如此艰难的境地，但在面对秦穆公时，他不卑不亢，采用刚柔相济、软硬兼施的攻心术，最终化被动为主动，取得了谈判的胜利。

面对秦穆公的两次询问，吕省在回答时暗暗向对方抛出了两把"刀子"。第一把是"硬刀子"，他态度强硬但不失礼貌地告诉秦穆公，晋国人万众一心，誓死报仇雪恨，并以此要挟对方，迫使对方尽快释放晋惠公。第二把是"软刀子"，态度软化却柔中带刚地让秦穆公选择，是要做君子还是做小人：若选择做君子放了晋惠公，我们必定会铭记这份恩情；若选择做小人以晋惠公立威，我们一定会同仇敌忾。通过这两次软硬兼施的回答，吕省堵住了秦穆公的所有后路，逼得对方不得不释放晋惠公。从吕省成功的谈判中，我们不难发现这条攻心法则的精妙之处，实在令人拍案叫绝。

第五章 示之以弱：扮猪吃虎，以柔克刚

39. 求同存异：君子和而不同

【简译】

君子能以和善态度对待众人，却不必苟同众人观点。

【引申评论】

《论语·子路》中说："君子和而不同。"这句话旨在告诉我们要学会求同存异。这是促进人际交往和谐的关键因素，也是我们与他人合作共赢的坚实基础。

其实，这个世界上既没有永远的敌人，也没有永远的朋友。从某种意义上说，任何敌对关系本质上都是一种利益关系。今天的敌人可能就是明天的朋友，而今天的朋友也可能会变成明天的敌人。因此，在与他人交往时，我们应当秉持求同存异的精神，在寻找彼此共同点的同时，还要学会尊重他人的差异性，从而促进人际交往走向和谐。《礼记·乐记》中也说："同则相亲，异则相敬。"观点相同时，人们倍感亲切；观点各异时，也应当相互尊敬。在交际中，当意见不统一时，只要对方的观点不是太离谱，我们就不应一味否定和打压，而应给予最基本的尊重，以免破坏今后的交往。

实际上，求同存异也是与他人合作的基础。为了追求共同利益，我们可以在不同的条件下,采取不同的策略,或是合作,或是竞争,或是兼而有之,如企业之间的相互竞争与合作。很多时候,合作不仅能实现共赢,更能产生巨大的力量,正如《孟子》中所说:"天时不如地利,地利不如人和。"其实,这种亦敌亦友、求同存异的关系在生活中普遍存在,尤其是在多人合作的领域更是屡见不鲜。各方在合作过程中保持独特个性,充分发挥各自的优势。大家一起协作思考,相互弥补缺点,可以达到"1+1>2"的效果。

合作不仅仅是为了整合资源、减少损失,更重要的是为了谋求更大的发展,而求同存异正好符合这一要求。例如,面对强大的竞争对手时,我们常常会寻找实力雄厚的合作伙伴共同对抗,而不会选择与仅观点一致但实力不足的人联手;当我们处于困境时,往往会选择最有利于自己脱困的一方,而不考虑对方是否与自己抱有相同的信念。那么,我们该如何利用求同存异来促成合作呢?不妨从以下几个方面着手。

一是绝不能刚愎自用。既然要合作,就必须尊重对方的意见,凡事都要协商而行。

二是要懂得维护他人的利益。合作的本质是共同获利,因此不能一味只顾自己。

三是要寻找合作平衡点。唯有找到合作的平衡点,合作方可长久。

【事典】攻心计之张之洞巧募五万两

1863年,张之洞(1837年—1909年)考中了探花,从此踏上了为官之路。虽然他性格刚烈、铁骨铮铮,但从不强硬地与政敌对抗,办事也常能做到求同存异、左右逢源。

民间流传着这样一个故事。张之洞就任山西巡抚时,初到任上就认识了几位地方的大人物。泰裕票号的东家为了拉拢他,表示要送给他一万两银子。张之洞虽婉言谢绝,却也因此与对方建立了联系。随后,张之洞便开始忙于政务。在多方考察当地情况后,他发现山西存在严重问题。他想拿出一笔钱来补贴农民,但连年的干旱已令政府入不敷出,再加上贪官污吏以权谋私,使得他根本拿不出这笔钱。

张之洞苦思冥想,忽然想起了那个要给自己送钱的泰裕东家。他想,如果让泰裕的东家捐一笔银子为山西的长远发展做善事,以此获取美名,对方或许会同意。于是,张之洞将泰裕的东家请来商谈,对方表示愿意捐出五万两银子,但要答应他两个条件:一是请张之洞为他的票号题写一块"天下第一诚信票号"的牌匾,二是要得到候补道台的官衔。

最初,张之洞觉得泰裕东家的这两个条件有些强人所难。要知道,他对泰裕票号一无所知,又怎能给它颁发"天下第一诚信票号"的牌匾呢?更何况,他一直反对捐官,认为捐官不利于国家发展。然而,如果不答应泰裕东家的条件,又该去哪里筹集这么多银子呢?

张之洞权衡再三,决定采用求同存异的方式来解决眼下这道难题。

首先,张之洞将"天下第一诚信票号"改为"天下第一诚信",去掉"票号"这两个字后,牌匾的含义便成为对诚信这种美德的褒奖。其次,捐官历来是官员们填补财政空虚的手段,加上朝廷规定捐四万两银子就能获得候补道台的官衔,因此可以让泰裕的东家获得这个虚名。只要不安排对方实际去做事即可。这样一来,对方既能得到官身,又不用承担实务,何乐而不为?

果然,泰裕东家对张之洞的安排十分满意,立刻捐出了五万两银子以补贴山西的农民。

【评注】

　　相信不少人都听说过张之洞的官场故事，因为他的圆融早已声名远播。事实上，正是因为他擅长把握人心，才一路从湖北、四川学政，山西巡抚，两广、两江总督，升任到体仁阁大学士，最后官至军机大臣。故事开篇就交代了张之洞面临的难题：他想给山西农民补贴一笔钱，但又拿不出这笔钱。当他终于想到办法，向泰裕东家提出捐款要求后，对方却提出了两个意想不到的条件。真可谓一波未平一波又起。然而，这些根本难不倒善于攻心的张之洞。他找到了泰裕东家与自己原则的平衡点，用求同存异的方式解决了牌匾和捐官之事，成功募得五万两银子。

　　古代官场环境复杂，仅凭才华难以应对，还需要像张之洞这样灵活应变的心机与手段。张之洞之所以能够获得成功，正是因为他参透了其中的奥秘。面对现实情况与泰裕东家抛出的难题，张之洞巧妙运用求同存异之法，既达到目的，又维护了自身立场。从张之洞的成功中，我们不难看出这条攻心法则的精妙之处，它能帮助我们更进一步地接近成功。

循循善诱：不动声色，征服人心

《论语》有云："欲速则不达。"很多时候，人总有急于求成的想法和急功近利的冲动，结果越是想要获得成功，越是适得其反。要知道，交际有时考验的并不一定是实力，而是比拼坚持下去的耐力。没有人能轻易获得他人的支持和帮助，这可能需要经历无数的艰难险阻。对此，我们与其心急火燎地硬着头皮去交往，不如静下心来，不动声色地对他人进行引导，慢慢地与对方相见、相识、相知，一步一步地去赢得人心。如此建立起来的人脉，既能经得起时间的考验，又能抵御意外的冲击，我们又何乐而不为呢？

第六章 循循善诱：不动声色，征服人心

40. 说服有度：忠告而善道之，不可则止

【简译】

忠诚而和善地劝导他人，若对方不接受，便适可而止。

【引申评论】

《论语》中说："忠告而善道之，不可则止，毋自辱焉。"意思是劝说他人时要适可而止，否则会自取其辱。这条攻心法则是人际交往中不可或缺的一种说服技巧。

生活中，人们因环境和经历的不同，想法和观念常常会有巨大差异。有时，我们需要去说服或劝导对方，以达到自己的目的。然而，要让对方认同自己并不是件容易的事。毕竟，每个人的见解和主张都是长期生活经验积累而成，早已形成一种固定的模式，很难通过一次或几次的沟通就能改变。正如《格言联璧》中所说："危莫危于多言。"言辞不当容易招致祸患。因此，在劝说他人时，我们一定要把握好尺度。如果对方视我们的忠告为洪水猛兽，切不可急功近利地继续说服或强迫对方认同。这样不仅达不到预期的效果，还可能引起对方的反感，从而产生不必要的矛盾。

劝说他人改正错误时，尤其需要做到适可而止。如果劝告的话语不分轻重，没有把握好度，就会造成"欲速则不达"的局面，这样既会使对方

难堪，又会破坏交往的气氛和基础，带来一系列严重的后果。正如《周易》中所说："乱之所生也，则言语以为阶。"意思是许多混乱都是因为言语不当而逐渐产生的。心理学研究表明，谁都不愿将自己的错误暴露在公众面前，一旦被曝光，就会感到难堪或恼怒。因此，在规劝他人改正错误时，我们应尽量不去触及对方避讳的敏感区，避免使对方当众出丑，给予的忠告也要委婉，不可过分，要点到为止，为自己留下回旋的余地。

通常，人们都存在斥异心理，因此，劝导和说服的话往往让人难以接受。唯有准确拿捏其中的分寸，才能在规劝他人的同时保护自己。例如，当与他人意见不同时，我们可以从各个方面论证自己的想法，但不能要求对方必须认同，如果因为对方不接受就甩脸离开，这只会增加彼此间的隔阂，最终导致关系破裂。在规劝他人改正错误时，我们与其一味指责和埋怨，不如在告知对方错误会造成的后果后适时停止，给对方留下思考和反省的时间，让其自觉去纠正错误。那么，怎样才能掌握好分寸呢？不妨从以下几点着手。

一是要学会委婉表达。在说服他人时，不宜过于直截了当，应尽量采用委婉的语气和词语。

二是要善用语言的魅力。可以运用修辞手法，使自己的话更通俗易懂。

三是巧用动作进行暗示。必要时我们可以利用肢体语言，向对方传达自己的意图。

【事典】攻心计之朱元璋怒斩儿时伙伴

明太祖朱元璋（1328年—1398年）出身寒微，祖辈与父辈一直四处迁徙，过着朝不保夕的日子。朱元璋更是从小靠给地主家放牛为生。1344年，一场大灾迫使朱元璋离开故乡，过上了四处流浪的生活。在流浪过程

第六章 循循善诱：不动声色，征服人心

中，他加入了红巾军反抗元朝，从此开始了不断征战的旅途。直到1368年，他在应天府称帝，建立了大明王朝。

民间流传着这样一个故事。朱元璋登基为帝后，那些昔日的朋友们便闻讯而来，都希望他能收留自己。

这天，一个乡下的贫穷朋友前来投奔朱元璋。两人见面时，朋友说道："陛下万岁！还记得当年臣随您一起攻打'泸州府'的事情吗？那时我们一起攻破了'罐州城'，结果让'汤元帅'逃走了，我们只好去捉拿'豆将军'，结果却被'红孩儿'给拦住了，最后还是多亏了'菜将军'，我们才终于获得了成功。"听完这番话，朱元璋隐约想起了往事，望着昔日与自己一起吃苦的伙伴，他不禁感慨良多，于是给对方封了官。

不久，当年的另一个伙伴得知消息，觉得机会来了。既然别人能说服朱元璋给封了官，那自己应该也可以。于是，他效仿之前的朋友，请求面见当今皇帝。朱元璋心想：都是小时候一起玩耍的伙伴，不能厚此薄彼，于是召见了他。

当这个伙伴见到朱元璋时，立刻兴奋地说道："朱重八（朱元璋的原名），你当了皇帝真威风啊！还记得我吗？我就是那个和你一起光着屁股玩耍的小伙伴。当时你干了坏事，还总让我替你挨打。记得那时我们替地主家放牛，有一次在芦苇荡里把偷来的豆子煮着吃，还没等煮熟，你就抢着先吃，结果不但把瓦罐打破了，还撒了一地的豆子。当时，你饿得只顾着在地上抓豆子吃，不小心把莛草叶也吃了进去，卡住了喉咙，差点要哭了，还是我出主意帮你弄出来的……"还没等对方说完，羞怒不已的朱元璋便扬声打断，随后勃然大怒道："你竟敢拿朕来开玩笑，简直不知死活！来人，给我拉出去斩了！"

就这样，这位口无遮拦的儿时伙伴，不仅没能当上官，还丢了性命。

【评注】

不难看出，第一位穷朋友是个说服别人的高手。他深知以朱元璋今时今日的地位，若自己直白说出当年一起同甘共苦的经过，势必会令对方颜面尽失。如此一来，对方又怎能心甘情愿地留下自己呢？一旦对方怒火攻心，便什么都完了。于是，聪明的他牢牢把握住了说服的尺度。他既说清楚了当年的事情经过，引起了朱元璋对童年往事的追忆，又将朱元璋那些不堪回首的记忆包装成了一位将军领兵攻城略地的故事，从而维护了朱元璋身为帝王的威严。正因如此，朱元璋在念及旧情之余，也非常欣赏他的聪明和机智，决定留下这位昔日的朋友，并给他封了官。

反观第二个乡下的伙伴，便显得有些愚蠢。他不仅张口直呼朱元璋的原名，对皇帝没有丝毫尊重，还将朱元璋儿时的糗事一一曝光于众人面前，如光着身子玩耍、偷别人家的豆子、饥不择食地抢着吃、被茳草叶子卡住喉咙等，让其在下属面前颜面尽失。这让朱元璋恨得咬牙切齿，只想赶紧杀掉他灭口。这两个乡下朋友的不同结局，不仅验证了说话有度在交际中的关键作用，也彰显了这条攻心法则的重要性。

41. 抓住时机：机不可失，时不再来

【简译】

遇到机会要牢牢抓住，切不可错过。

【引申评论】

人要懂得抓住机遇，学会在合适的时机去做合适的事。这是我们通往成功的重要法则。

什么是机遇？机遇是指能助推成功的偶然现象、先兆或时机。机遇普遍存在，它既公平又公正。只要我们能够发现并驾驭它，它就能带给我们丰厚的回报，关键在于我们能否精准把握。正如《旧五代史·晋书·安重荣传》中所说："机不可失，时不再来。"生活中，往往有天赐良机稍纵即逝。若想避免错失良机，就要学会抓住机遇。要做到这一点，必须在时机出现时，迅速、准确且果敢地出手。顾虑重重、畏首畏尾的人，很难获得成功。因为在观察和迟疑的过程中，局势随时可能发生变化，而在等待的过程中，也可能会产生更多的风险。

那么，当时机未到时，我们应该做些什么呢？答案是：做好一切准备，以便抓住机遇！

常言道"谋事在人，成事在天"，失败者总喜欢把"时运不济"挂在

嘴边，而成功者却会在机遇未到时积极提升自我，练就捕捉机遇的慧眼和把握时机的智慧头脑，从而在机会到来时，先人一步牢牢把握住它。实际上，《史记》中也有类似的阐述："君子得其时则驾，不得其时则蓬累而行。"机会到了就大胆前进，若未到便修身养性，等待时机。机会永远是留给有准备的人，与其白白浪费等待机会的时间，不如把自己培养得更加优秀。唯有如此，我们才能在机会到来时，既能牢牢把握住它，也能充分发挥它的作用，使其更好地为自己所用。

很多人之所以一生平庸，无所作为，往往是由于种种原因而错失了良机。无论你有多大的勇气，或者多么勤勉，若无机遇助力，也难以成事。比如，在残酷的商业竞争中，如果我们不能先掌握商机，就只能眼睁睁地看着别人抢占市场，自己则跟随其后捡点"残羹冷炙"；在喜欢的人面前，一旦错过了表白的时机，便只能与心仪的人失之交臂，眼睁睁地看着对方成为别人的伴侣。那么，如何才能不让机遇溜走呢？不妨试试以下几点。

一是要注重细节。从那些细枝末节的小事中，寻找别人还没有发现的机遇。

二是要有正确的判断。准确找出最适合自己的机遇，以免走错方向做无用功。

三是要坚持不懈地努力。机遇未到时要努力提升自我，机遇到来时更要努力去把握。

【事典】攻心计之项羽伺机夺兵权

公元前208年，秦国大将章邯在打败并杀死楚国反秦义军首领项梁后，便马不停蹄地率军渡过黄河，与前来增援的王离会合，共同进攻赵国。赵军由于实力不济而失败，赵王被秦军围困在巨鹿。无奈之下，赵王只好向楚国求救。楚怀王收到消息后，立刻任命宋义（？—前208年）为上将军，项羽为次将军，率领楚军前去营救赵王。

然而，当楚军行至安阳时，宋义却畏缩不前，硬是拖着军队在当地滞留了四十六天。项羽曾劝说宋义继续前进，却遭到了拒绝。当时天寒多雨，加上粮食储备不足，导致将士们挨冻受饿，痛苦不堪。眼看大家因备受煎熬而怨声载道，项羽觉得自己夺回兵权的时机已到。楚怀王虽名为国君，实际上只是傀儡。他是在谋士范增的提议下，被项梁拥立为王的，但在项梁战死后，他便趁机夺取了项羽、吕臣的兵权。对此，项羽早已心怀不满，想要夺回兵权。

项羽认为现在正是夺回兵权的好时机，于是他趁着宋义为儿子到齐国任相送行之际，在军营中鼓动将士们的情绪："我们奉命攻打秦军，营救赵王，现在却一直停留在此处，毫无进展。连日的大雨和并不充裕的存粮让我们饥寒交迫。上将军却只顾着饮酒作乐，丝毫没有去赵国征粮的打算，更没有将与赵军会合共同抗秦放在心上，反而以'等秦军疲惫再攻'为借口，一直延误战机。要知道，强大的秦国若想拿下赵国，不过是时间问题。一旦赵国被灭，秦军只会变得更加强大，我们哪还有机会将其击败？更何况我们刚在定陶打了败仗，大王因此焦虑不安，才将军权交给了上将军。可现在，成败在此一举，上将军却如此不顾国家安危，更不怜惜将士们的性命，只顾享乐，这样的人又怎配为人臣子？"

项羽这番慷慨激昂的话，立刻引起了大家的共鸣，大家一致认为宋义有罪。于是，项羽杀了宋义，然后对全军说道："宋义与齐国密谋反楚，楚王命令我诛杀此贼！"将士们见奸人已死，满心欢喜。消息传回楚国后，楚怀王无奈，便任命项羽为上将军，去救援赵国。此后，项羽破釜沉舟，九战九捷，歼灭了秦军主力，终于解除巨鹿危机。

攻心
跨越千年的精妙心理战术

【评注】

　　相信但凡读过历史的人都知道西楚霸王项羽的大名。也许项羽给人的印象是铁骨铮铮的大英雄，却不知他也有工于心计的一面。故事开篇便介绍了紧迫的战局，但由于上将军宋义的畏缩不前，楚军只能滞留在安阳，无法去营救危在旦夕的赵国。然而，项羽却觉得这正是自己夺回兵权的大好时机：一方面，宋义本就有错在先，不但违背了国君的命令，更因自身的怯懦贻误了战机；另一方面，宋义的所作所为已寒透人心，心生不满的将士们正需要一个合适的理由让他下台。项羽认为自己若能在此时挺身而出，必能获得大家的支持。于是，项羽把握住了这次机会，杀宋义、夺兵权、灭秦军等一系列行动一气呵成。

　　项羽牢牢把握住了夺取兵权的时机，在机遇出现时果断出手。他不仅成功夺取了梦寐以求的兵权，还立下了赫赫战功，从而成就了自己的威名。项羽的成功向我们展示了这条攻心法则的强大作用，即它能够引领我们更快迈向成功的大门。

42. 设问诱导：故设疑问，引导思维

【简译】

故意设置疑问，引导他人的思考方向。

【引申评论】

所谓"故设疑问，引导思维"，是强调通过提出问题来引导他人的思维走向，促使对方说出我们想要的答案。这条攻心法则能帮助我们有效地引导对方的想法，从而为自己带来利益。

与人沟通时，如果我们想说服对方，可以采用许多不同的说话技巧，但其中最简单有效的莫过于故设疑问。我们提出问题，既能让对方难以回避作答，又能打乱对方原有的思路，还能引导对方去思考问题的答案，可谓一举多得。因此，在与他人交流的过程中，与其费时费力地找依据、摆事实，不如故意设置一些能引发对方思考的问题，让对方在回答的同时，领会到我们所隐藏的想法。这远比我们直接告诉对方更具说服力。

不可否认，说服他人并非易事。由于思维模式的不同，人们往往按照自己的既定思路思考问题，这增加了接受他人观点的难度。故设疑问恰好能解决这一难题。当我们向他人提问时，相当于为对方提供了一条新的思路。出于好奇的本性，稍加引导，对方便容易接受我们的观点。实际上，

当我们向他人提出疑问时，便悄然掌控了谈话的主动权，牢牢把握了交流的走向，使对方在问题的引导下，朝着有利于我们的方向思考，从而让事情顺着我们的思路发展。因此，在与他人沟通时，我们要学会故布疑阵，向对方提出一些发人深省的问题，使对方受我们引导，进而实现我们的目的。

生活中，利用提问来引导思维的例子比比皆是，并且常常能取得良好的效果。例如，老师在教导学生时，经常会用问题来引导学生的思维，而不是直接告诉他们具体的解题方法。对于持有不同意见的同事，我们可以先针对对方观点中的漏洞提问，再通过问题来论证自己的观点。如此双管齐下，对方往往会心服口服。那么，怎样才能正确地提问呢？不妨从以下几点着手。

一是要勤于思考。唯有积极动脑，才能准确提出让他人难以抗拒的问题。

二是问题不能太过尖锐。过于尖酸刻薄的问题，只会引起他人的不适和反感。

三是要有足够的耐心。改变他人的思维并不容易，所以我们一定要耐心地询问。

【事典】攻心计之张旄巧妙提问说服魏王

有这样一个故事。战国时，魏国有位大臣叫张旄。魏王经常向他咨询重要决策，张旄的意见总能让魏王心悦诚服。这天，魏王又问张旄："我想联合秦国去攻打韩国，你觉得这个主意如何？"

张旄没有直接回答这个问题，而是反问道："大王认为，如果我们去攻打韩国，韩国会坐以待毙，任由国家灭亡，还是会忍痛割让土地，并联合其他国家一起发起反击呢？"

魏王毫不犹豫地回答："我觉得韩国一定会割让土地，联合其他诸侯一起进行反击。"

于是，张旄又问："您认为到了那时，韩国是更恨魏国一些，还是更恨秦国一些呢？"

魏王奇怪地看了对方一眼，然后肯定地回答："当然是更恨攻打他们的魏国。"

张旄继续问道："您觉得在韩国眼中，秦国与魏国哪一个更强大呢？"

魏王思索了一会儿后，回答道："自然是秦国更强大了。"

张旄接着询问："那么，您认为韩国是准备割地归顺它认为强大且无怨恨的国家，还是割地归顺它认为不强大且心怀怨恨的国家呢？"

魏王听完沉默片刻后，回答："韩国会割地给它认为强大且没有怨恨的国家。"

最后，张旄笑着对魏王说："现在，攻打韩国的事情，大王应该明白该怎么做了吧？"

就这样，在张旄一系列的提问下，魏王打消了联合秦国去攻打韩国的想法。

【评注】

作为魏国的重臣，张旄无疑是聪明的，从这个故事中也不难看出他颇有心计。在与魏王的对话中，他既没有直接指出对方的错误，也没有像一般大臣那样，先亮出自己的观点，然后再去寻找论据论证。面对魏王不切实际的提议，善于攻心的张旄始终没有明确表达不应该联合秦国攻打韩国的想法，而是用一个又一个发人深省的问题，引导对方去思考这件事的可行性。他巧妙地将自己的观点隐藏在问题之中，当魏王回答完这些问题后，便已经心领神会。可见，这种通过提问进行游说的方法，能够强化论点，使对方心服口服。

实际上，设问诱导是一种以假设结果来进行说服的手段。张旄正是通过一个又一个可能出现的结果，来逐步论证自己的观点。这条攻心法则特色鲜明，能够帮助我们一步步推出自己的观点。只要我们善加利用，就可以有效引导他人的思维，为己所用。

43. 类比入心：触类相喻，巧妙说服

【简译】

运用比喻的修辞手法，巧妙地去说服他人。

【引申评论】

在某些特殊情况下，采用隐晦的方式去说服他人，往往能取得意想不到的效果。这条攻心法则能够提升我们在沟通中的说服力。

《周易·系辞上》中说："引而伸之，触类而长之，天下之能事毕矣。"古往今来，许多思想家、教育家、政治家在宣扬自己的观点时，经常运用生动形象的比喻。相比那些朴实无华的语言，比喻具有穿透人心的力量，不仅可以使对方乐于倾听，还能让他们从中受到启发。因此，在劝导或说服他人时，我们不妨采用生动形象的比喻来说明自己的想法和观点，这不仅能增加说服过程的趣味性，还能提高我们在沟通中的说服力。要知道，只要他人对我们的语言产生了兴趣，便会在好奇心的驱使下认真聆听。如此一来，我们的话语才能深入对方的内心，而此时，说服也就成功了一大半。

比喻是一种修辞方法，它利用已知事物来解释未知事物，能够将抽象的事物具体化，将复杂的事物简单化。在与人沟通的过程中，相较于枯燥

乏味的语言和千篇一律的劝说模式，运用比喻来表达观点，往往能有效提升语言的清晰度和准确性。此外，那些生动形象的比喻，还能将深奥的大道理以浅显易懂的方式展现给他人，便于对方理解并接受。更重要的是，比喻本身就是一种委婉的表达方式，在某些特殊情况下，它可能比其他说服技巧更具优势，也更容易引发对方的思考。当然，尽管比喻很好用，却不能滥用，只有恰到好处地使用，才能达到我们想要的目的。

生活中，善用比喻能给人际交往带来耳目一新的感觉，从而在对方心中留下深刻的印象。例如，在回击竞争对手时，我们可以用隐喻来进行讽刺，这不仅能彰显格调，还能让对方一时间无法反驳。在向心仪的人表白时，那些简单直白的情话，远不如巧妙的比喻更能打动人心。那么，我们该如何灵活运用比喻呢？对此，不妨从以下几个方面入手。

一是要找准本体和喻体。精心选择合适的喻体来比喻本体，这一点至关重要。

二是比喻不可过度。无论是表扬还是讽刺，比喻都不能过于夸张，避免引起不适。

三是要学会借鉴。从古至今，古人为我们留下了许多成功的案例，我们可以充分借鉴这些经验。

【事典】攻心计之淳于髡隐喻劝谏齐威王

战国时期，齐威王继位成为国君后，整日寻欢作乐，不理朝政，而将政务交由大臣们处理。在齐威王的影响下，大臣们纷纷效仿，整天沉迷于吃喝玩乐，导致国家腐败不堪。更为严重的是，其他国家见齐国日渐衰败，纷纷派兵前来攻打，企图从中获取利益。

面对即将走向灭亡的齐国，那些忠诚的臣子们每天都忧心忡忡，虽然

第六章 循循善诱：不动声色，征服人心

很想去劝谏齐威王，却又害怕因此而丢掉性命。这时，一位名叫淳于髡的齐国大臣勇敢地站了出来。淳于髡出身卑微，他不仅身材矮小，而且还是一个入赘女婿。也正因如此，他常常自嘲，久而久之，变得能言善辩。由于他口才出众，齐威王曾多次派遣他出使其他诸侯国，他都能不受屈辱地全身而退。因此，对于劝谏这件事，他很有把握。

淳于髡知道，齐威王并不是昏庸之辈，虽然他不喜欢听大臣们的劝告，但只要别人的劝告能打动他，他也会欣然接受。于是，在齐威王心情愉悦的一天，淳于髡拜见了他，并说道："大王，臣最近得了一个有趣的谜语，您想不想猜一猜、玩一玩呢？"

齐威王一听这话，立刻兴趣盎然，催促着说："赶紧说来听听。"

淳于髡清了清嗓子，说道："齐国有一只聪明的大鸟，它住在大王的宫里，已经整整三年了。然而，它既不肯振翅高飞，也不会发声鸣叫，只是每天毫无目的地吃喝玩乐，虚度自己的光阴。大王，您猜一猜，这是一只什么鸟呢？"

齐威王是个聪明的国君，他很快便理解了淳于髡所要表达的意思，意识到自己身为一国之君，却不理朝政，三年来毫无作为，整天只知道享乐，就像那只大鸟。齐威王听懂淳于髡的言外之意后，开始反思自己的所作所为。片刻后，他抬头告诉淳于髡："这应该是一只神奇的大鸟，它不飞则已，一飞就能直冲云霄；它不鸣则已，一鸣便会震惊世人。"

从那以后，齐威王振作起来，不再沉迷于饮酒作乐，而是开始挽救即将倾覆的国家。一方面，他要肃清官场上的蛀虫，他召集全国的官吏上朝，奖赏那些认真负责的官吏，惩罚腐败无能者。一时间，大家各司其职，不敢再有丝毫懈怠。另一方面，他开始整顿军队，对将领进行了重新任命，使得军中上下团结一心，士气高涨。

各诸侯国得知齐国的改变后，非但不敢再攻打，还将曾经抢夺的土地悉数归还。

【评注】

"一鸣惊人"这一成语故事源自《史记·滑稽列传》。故事开篇为我们刻画了一个昏君的形象：齐威王整日寻欢作乐，将朝政交给大臣们处理，自己漠不关心。由于他不理朝政，国家滋生了一大批腐败之臣，其他诸侯国见齐国日渐衰败，纷纷起兵攻打。面对齐威王的懒政，不少忠臣忧心忡忡，他们想劝谏却又害怕因此得罪君主，招致杀身之祸，因此没有人敢去，只能眼睁睁地看着国家日复一日地衰落下去。

正是在如此紧张的局势下，口才出众的淳于髡站了出来，准备劝齐威王重振朝纲。善于攻心的他既没有言辞犀利地责备，也没有耐心地解释和说教，而是采用隐喻的手法，将大王比作一只"不飞不鸣"的大鸟，整天只知道吃喝玩乐，虚度光阴。聪明的齐威王听懂了淳于髡的弦外之音，幡然醒悟，开始挽救齐国。从齐威王前后巨大的变化中，我们不难看出，在与人交流时，采用比喻这种修辞方法的优势。这便是该攻心法则的不同寻常之处，它能帮助我们巧妙地说服他人。

44. 借题发挥：因势利导，乘势而上

【简译】

顺应并引导事态的发展趋势，以达到自己的目的。

【引申评论】

所谓"因势利导，乘势而上"，是指顺应事态发展的趋势，引导事件朝着对自己有利的方向发展，然后趁机取得最终的胜利。这条攻心法则是获得成功的秘诀。

《史记·孙子吴起列传》中说："善战者，因其势而利导之。"意思是，善于作战的人通常会顺应当前的形势，进行有利于自己的引导。具体而言，因势利导就是当我们面对问题时，需要根据问题发生的时间、地点、涉及的人物和当时的形势进行认真分析，抓住问题的实质和要害，厘清问题的脉络和因果，针对不同情况采取不同的处理方法和技巧。其实，世间的一切变化，都不是无序的、随意的。只要摸清变化发展的脉络，就可以掌握变化的主体；而只要掌握变的核心，就可以掌握变的规则，使其为自己所用。因此，我们要善于因势利导，让变化朝着对自己有利的方向发展，这才是成功者的选择。

顺势而为，造势而起，乘势而上。顺势才能造势，造势才能乘势，乘

势才能做到水到渠成。因此，在与人交往的过程中，我们要学会顺应形势的发展变化，随时以变应变，在关键时刻调整策略，使形势向对自己有利的方向发展。尤其是在面对强大的对手时，这种"因势利导，乘势而上"的策略更显得重要。因为通过诱导，可以让对方顺着我们的想法去做，此时，形势就相当于被完全扭转了。如果我们不懂因势利导，便会错失良机，以致自己离所追求的目标越来越远。

生活中，如果想掌控全局，往往需要运用因势利导的方法，把握对方的动向，引导对方的思维，使其按照自己设定的步骤推进。例如，在面对强大的竞争对手时，我们可以顺势赞美对方，让对方因自我膨胀而露出破绽，此时，我们便能趁机将对方击败；当需要获得他人的帮助时，不妨先将对方拉入自己的阵营，待对方已深入其中时，再提出自己的要求，这时对方更易接受。然而，要做到"因势利导，乘势而上"并不容易。对此，我们可以从以下几点入手。

一是要看清当下的形势。这就需要我们具备冷静的头脑和敏锐的洞察力。

二是要掌握事态的发展趋势。我们要学会根据事情的前因后果去分析其走向脉络。

三是要有针对性地进行引导。即针对不同的情况，采取不同的处理方法和技巧。

【事典】攻心计之郑庄公因势利导除奸佞

春秋时期，郑国国君郑武公的妻子姜氏生了两个儿子。由于大儿子寤生出生时难产，姜氏对他十分厌恶，独爱二儿子共叔段。因此，姜氏曾不顾祖宗立下的规矩，向郑武公提议废除长子寤生的继承权，但被郑武公断

第六章 循循善诱：不动声色，征服人心

然拒绝。

郑武公死后，寤生继承君位，是为郑庄公。对此，姜氏和她的小儿子共叔段非常不服气，暗中商议夺取君位的计策，妄图取而代之。姜氏先是为共叔段请求获得具有地理优势的制地作为封地，郑庄公深知姜氏要此地的目的，更清楚她与弟弟背后的小心思，本想顺势而为，令他们的野心更为膨胀，但这个地方实在是太过重要，便委婉地拒绝道："制地险要，太不安全了，虢叔便是死在了那里，把这样的地方封给弟弟不好，会引起大臣们的误会。"姜氏见郑庄公说得情真意切，便不好再坚持，于是换了一个目标，要求郑庄公将京地封给共叔段。寤生已经拒绝过一次，若继续拒绝，难免会让他们生出警惕之心，便点头答应。

果然，共叔段获得京地后，仗着朝中有姜氏做后盾，再加上京地的人力和物力，渐渐暴露了自己的野心，不再将郑庄公放在眼里。随后，他不断扩充势力，想要与郑庄公抗衡。此时，大臣们纷纷劝郑庄公尽早处置，以免养虎为患，日后难以对付。然而，郑庄公却假装糊涂，敷衍了事，似乎对姜氏与共叔段的意图毫不知情。不久，共叔段将自己的势力扩展到了西部和北部边境地区，一时间，朝中的大臣们纷纷上奏，要求郑庄公处决共叔段，但郑庄公仍然置之不理，放任对方恣意行事。郑庄公知道，只要对方没有真正动手，就无法将其定罪。

终于，共叔段开始行动了。他征调士卒和战车，让姜氏做好内应，准备在约定的时间偷袭都城。郑庄公得知共叔段的起兵日期后，便下令攻打京地。郑庄公的防备和袭击让共叔段始料未及，加上京地之人的纷纷倒戈，使得他一败涂地，不得不逃往鄢地、共地，最终客死他国。姜氏也因此被郑庄公赶出都城，并发誓此生永不相见。

【评注】

"郑伯克段于鄢"的故事源于《左传》。故事开篇便展示了郑庄公寤生的艰难处境：由于出生时难产，他不受母亲姜氏的喜爱。而姜氏偏爱小儿子共叔段，处处打压大儿子，甚至不顾礼法，提出废除寤生的继承权。寤生即位后，姜氏与共叔段更是密谋造反，企图篡位。实际上，郑庄公对姜氏与共叔段的心思了然于胸。他之所以按兵不动，是因为他们尚未真正起事，若以此处罚对方，难免遭人非议。因此，善于攻心的郑庄公决定顺势而为，假装毫不知情，以使对方放松警惕，同时引导对方尽早行动，将局势转变为对自己有利的局面。

就这样，在郑庄公的纵容和引导之下，姜氏与共叔段迫不及待地举兵造反了。此时，无论郑庄公如何处罚他们，都是理所当然的，大臣们甚至会觉得郑庄公对他们已经仁至义尽。这便是这一攻心法则的智谋体现，既能让我们获得成功，还能全身而退。

45. 弱点发力：抓住"七寸"，不得不服

【简译】

抓住他人的软肋，让对方不得不服从。

【引申评论】

《儒林外史》中提到"打蛇打七寸"，这是因为"七寸"是蛇的要害之处，击中这个位置，可以一招致命。这条攻心法则可以成为我们制衡他人的"利器"。

再强大的人都会有软肋，只要我们抓住这一点，便等同于握住了对方的命脉，能使其瞬间服从。细心的人或许会发现，即使再坚固的城堡墙壁，也或多或少会有一些裂缝。人也是一样，都有自己的弱点或软肋。需要注意的是，软肋并不是缺点，而是一种天性，比如容易被感动、心地过于善良等，这些都不是缺陷，但却能成为牵制对方的关键。弱点通常是一种不安全的、不可控制的情绪或需求，甚至可能是隐秘的小喜好。在与人交往的过程中，无论出于哪种情况，一旦我们找到了对方的弱点，就能以此为"利器"，让对方听从于己。

在人际交往的过程中，不仅有双方实力的比拼，更有彼此心智的较量。如果单纯依靠实力，或许也能取得胜利，但这无疑需要花费更多的人

力和物力。然而，当我们找到他人的弱点时，只需善加利用，便可以用最轻松的方式获胜。对此，《冯婉贞胜英人于谢庄》中也提到："莫如以吾所长攻敌所短。"可见，要想攻破他人的心防，就必须先了解对方的软肋所在。了解之后，我们再用自己的强项、优势来与对方的弱点相搏。如此一来，我们胜利的概率才能大幅提升。

在人际交往的过程中，暴露了弱点的对手是最脆弱的，此时，只需在他们的要害处轻轻一击，便可制胜。例如，在与竞争对手博弈时，我们可以事先寻找对方的弱点，然后利用这一软肋迫使其不得不做出让步；当我们想要说服他人去做某件事时，也可以利用对方心软的特点，对其采取感情攻势，使对方心甘情愿地接受。那么，我们如何才能准确抓住他人的"七寸"呢？不妨从以下几个方面入手。

一是要耐心细致地进行调查，提前收集到对方的信息。

二是要进行循序渐进的尝试和摸索，精准找出他人的要害之处，为接下来的行动做好准备。

三是要始终围绕主要矛盾，只有抓住主要矛盾进行运作，我们才能变被动为主动。

【事典】攻心计之陈平妙计破困局

公元前203年，楚汉战争已经陷入胶着状态。楚霸王项羽领兵直逼荥阳，汉王刘邦被围困在城内，心中十分不安，于是急忙召集谋士商议退兵之策。这时，手下的陈平（？—前178年）分析道："项羽其实不足为虑，我们真正应该担心的，是他身边的范增、钟离眜等人。据我所知，项羽是个狂妄自大、猜忌心重的人。大王若能重金贿赂楚国人，传播流言，使他们君臣之间相互猜疑，无法再合作，那么，我们不仅能破解当下的困局，还能一举灭掉楚国。"

刘邦听后，说道："金钱有什么好吝啬的，只要能击败楚军，这天下的一切不都是我的？"说完，他便命令侍从取出四万两黄金，交给陈平去运作。

果然，几天后，楚军中便传出了钟离眛已经背叛主公的流言。项羽听到后，开始处处防备钟离眛，致使君臣之间产生了隔阂。范增得知此事后，明白这是敌人在施离间计。为了避免夜长梦多，他请求项羽尽快攻下荥阳，绝不能给刘邦喘息的机会。于是，项羽加紧围攻，使得刘邦守城愈发艰难。此时，刘邦提出了议和的要求，项羽虽然不愿意答应，却也想探一探对方的虚实，便派了一名使者去汉王处回话。刘邦见使者到来，便按照陈平的嘱咐装醉，含糊其词。

刘邦"醉倒"后，陈平出面接待楚国使者。他为对方准备了无数美酒佳肴，对方见状欢喜不已，两人随之攀谈起来。谈话间，陈平故作亲密地询问范增的近况，还问是否有消息或手书带来。使者不解，回答说自己是奉项羽的命令而来，与范增没有任何关系。

陈平听后立刻改变了态度，撤掉了酒席，给楚国使者换上了残羹冷炙。

楚国使者遭到冷遇后，一回到项羽身边便进行了汇报，并且重点提到范增可能已经暗地里投靠了刘邦。恰在此时，范增前来晋见，请求项羽加快进攻的速度。由于这场围困耗时太久，范增的言语之间略有责备。然而，在项羽的疑心之下，那些原本平常的劝告，却被误解为范增对他的不满，一时间怒火攻心，于是讥讽地说道："你就盼着我去送死吧！"

范增愣了一瞬，待反应过来时，才明白项羽对自己产生了疑心，顿时感到心寒。想到自己身为"亚父"，这些年来竭尽全力为项羽筹谋，却落到如此境地，一时间心灰意冷，于是提出告老还乡。项羽竟一口答应了范增的请求，范增气得头也不回地离开了。失去范增和钟离眜的辅佐后，项羽争霸天下的大业也开始走下坡路。

【评注】

毫无疑问，陈平是一个善于利用对手弱点的高手。在面对楚军的围困时，他精准地抓住了项羽的"七寸"，即项羽缺乏对他人的信任。于是，陈平围绕这一软肋展开行动。他很清楚，项羽是个骄傲自大的莽夫，只要能离间他与手下之间的关系，攻下楚国便指日可待。陈平首先将目标定在钟离眜身上，因为相比于"亚父"范增，项羽对钟离眜的信任更容易被打破。于是，他不惜用重金贿赂楚军，让他们散布关于钟离眜的谣言，使项羽怀疑并不再重用钟离眜。随后，他在楚国使者面前惺惺作态，制造出范增已经投靠自己一方的假象，从而使项羽对范增也产生疑心。就这样，陈平利用项羽的弱点，成功打破了他与贤臣之间的信任，致使项羽逐渐众叛亲离，走向失败。

显然，刘邦能够反败为胜，陈平的计谋起到了重要作用。这一反败为胜的过程恰恰反映了攻心法则的强大威力，也凸显了它在人际交往与博弈中举足轻重的地位。

46. 展示利弊：二重对比，获取人心

【简译】

向他人展示事物的正反两面，从而获得对方的认可。

【引申评论】

所谓"二重对比，获取人心"，是指将事物的利与弊都展现出来，使他人主动选择我们想要的答案，从而赢得对方的心。这一攻心法则是沟通中的有效法宝！

二重对比指通过他人熟悉的人、物或故事等，来展现事物的两面性，将其中的利弊摊开给对方看，让对方自主选择。这种方法在战国时期非常流行，当时的辩士在说服他人时，经常使用二重对比的方法。在现代生活中，这种展示正反两面的说服技巧也很常见。相比于其他的说服方法，它能够更直观地让对方认识到后果，从而动摇其内心，将内心的天平渐渐倾向于我们。事物都有其两面性，当我们抓住其中不利于他人的一面进行劝说时，对方往往会在趋利避害的本能驱使下，果断放弃原有的选择，转而支持我们。

生活中，我们常常喜欢向他人摆事实、讲道理，尽量让自己看上去有理有据，似乎只有这样，才能更理直气壮地说服别人。然而，据理力争只

适用于某些特殊场合，如辩论、演讲、谈判等，对于其他的社交场合却不一定有效。试想一下，两个人为了一件事情争得面红耳赤，即使最后能把话说开，他们心里也难免会留下一个疙瘩，影响彼此之间的感情。对此，我们不妨采用二重对比的方式，用他人熟悉的人或物来展示利弊，让对方意识到自己的错误，这既保留了对方的颜面，又能使对方幡然醒悟，可谓一举两得。

二重对比的方法十分巧妙，能够直击他人内心最脆弱的地方。因此，我们一定要学会这种技巧，以便拓宽自己的交际之路。例如，当我们因某件事情与他人产生分歧时，不妨借用名人的事例，向对方展示其坚持下去的后果，这样，对方很可能会欣然接受我们的建议。在教育孩子时，我们也可以将事情的不同结果悉数告知，进而让孩子自己做出选择，这对他们的成长更为有利。那么，我们如何才能做到这一点呢？对此，可从以下几点入手。

一是要正确选择举例的人或事。我们要针对不同的情况，选择合适的事例。

二是要注意做对比时的用词。在对比过程中，我们一定要措辞得当，切不可过激。

三是要给对方留出思考的时间。对比结束后，不要急于讲话，要留出时间让对方思考。

【事典】攻心计之甘罗巧妙说服张唐

战国末年，燕王将太子丹送往秦国做人质，秦国决定派张唐去燕国为相，以便与燕国一起攻打赵国。出乎意料的是，张唐不愿前往，严词拒绝了吕不韦的劝说。这件事让吕不韦十分不悦，但由于张唐曾多次立功，在

第六章　循循善诱：不动声色，征服人心

秦王面前颇具分量，他只得作罢，气愤地甩袖而去。

吕不韦回家后依然气愤不已，被一个只有十二岁的门客看见，这位门客名叫甘罗。在了解了事情的始末后，甘罗对吕不韦说道："这点鸡毛蒜皮的小事，哪值得丞相如此大动肝火？待我前去劝说一番，保证让他心甘情愿地去上任。"

吕不韦只当甘罗信口开河，但因自己实在是无计可施，便姑且让对方去试一试。

不久，甘罗来到张唐家中。张唐见对方只是一个毛头小子，没有把他太当回事，甚至连一个正眼都没给，只是懒洋洋地问道："你这个小娃娃来我家里干什么？"

甘罗知道张唐看不起自己，故意气他道："自然是来为大人吊丧的！"

张唐听后怒不可遏，大声斥责道："放肆，竟敢跑到老夫的门前撒野，我看你是活得不耐烦了！别说老夫还活着，就算是死了，也轮不到你这个小娃娃前来吊丧！"

"老先生请勿动怒，小人想请教，您认为是您的功劳大，还是武安君白起的功劳大？"

"白起当年南攻楚国，北伐燕赵，为秦国夺取了大片土地，我这点功劳怎么能跟他相比！"

"那么，我再问您，当年的应侯范雎和今天的吕丞相，他们谁的权势更大？"

张唐听完这话，毫不犹豫地回答道："这还用问吗？当然是现在的吕丞相权势更大。"

"哦，原来如此！当年范雎命白起攻打赵国，白起抗命不从，范雎一生气，把他逐出了咸阳，并且还将他杀死在城外。今天，吕丞相请您去燕

国为相,您竟也违抗命令,不愿前去。我看您的死期也不远了,将来还不知道会死在哪里呢。所以,今天特意前来为您吊丧。"

张唐听罢,大惊失色,相比之下,自己确实没有那个底气抗命。于是,他立刻转换态度,客气地说道:"多谢小先生前来指教。请转告丞相,老夫现在就去准备行装。"

【评注】

不可否认,甘罗虽然年仅十二岁,却拥有不逊于成年人的心机。在得知张唐拒绝吕不韦时,他便已经在心里盘算自己的话术。他深知,张唐终究敌不过吕不韦的权势,而他要做的,就是让张唐清晰地意识到这一点。于是,他主动请缨前去说服张唐。

善于攻心的甘罗来到张唐家后,并没有立即提及去燕国为相的事情,而是拿当年的武安君白起作比较。他先让对方意识到自己的功劳不如白起大,再让对方明白吕不韦的权势比范雎大。接着,他用范雎如何对待白起这件事,将前面的线索串联起来,最后以白起被杀的凄惨结局,给予对方当头一棒,使其明白继续拒绝将会承担怎样的后果,从而主动选择立即前往燕国上任。从甘罗这一系列的举动中,我们不难发现,当人们清晰地认识到某件事的危害时,常常会主动地选择趋利避害。这既是该攻心法则的精髓,亦是它能在诸多说服技巧中脱颖而出的关键所在。